华章IT

HZBOOKS | Information Technology

UI/UE 系列丛书

USER EXPERIENCE AND INTERACTIVE DESIGN
FOR DEVELOPERS

THE JOY
OF
UX

用户体验乐趣多

写给开发者的用户体验与交互设计课

[美] 大卫·普拉特（David Platt） 著

杨少波 译

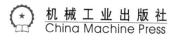
机械工业出版社
China Machine Press

图书在版编目（CIP）数据

用户体验乐趣多：写给开发者的用户体验与交互设计课 /（美）大卫·普拉特（David Platt）
著；杨少波译 . —北京：机械工业出版社，2018.1
（UI/UE 系列丛书）
书名原文：The Joy of UX: User Experience and Interactive Design for Developers

ISBN 978-7-111-58693-7

I. 用… II. ①大… ②杨… III. 人 - 机系统－系统设计 IV. TP11

中国版本图书馆 CIP 数据核字（2017）第 310731 号

本书版权登记号：图字 01-2016-8664

用户体验乐趣多：写给开发者的用户体验与交互设计课

出版发行：机械工业出版社（北京市西城区百万庄大街 22 号　邮政编码：100037）
责任编辑：张锡鹏　　　　　　　　　　　责任校对：殷　虹
印　　刷：中国电影出版社印刷厂　　　　版　　次：2018 年 1 月第 1 版第 1 次印刷
开　　本：186mm×240mm　1/16　　　　印　　张：13.5
书　　号：ISBN 978-7-111-58693-7　　　定　　价：59.00 元

凡购本书，如有缺页、倒页、脱页，由本社发行部调换
客服热线：（010）88379426　88361066　　　　投稿热线：（010）88379604
购书热线：（010）68326294　88379649　68995259　　读者信箱：hzit@hzbook.com

版权所有·侵权必究
封底无防伪标均为盗版
本书法律顾问：北京大成律师事务所　韩光 / 邹晓东

赞　　誉

　　一种软件产品能够脱颖而出，用户体验往往是关键。本书通过大量案例，帮助读者领会如何提升用户体验，可以作为你学习 UX 设计的第一本书。作者重视细节，耐心讲解实现方法，内容具有可操作性。

——阮一峰（著名技术博客，《软件随想录》、《黑客与画家》的译者，

《ES6 标准入门》的作者）

　　经常有刚入行的设计师问我应该看哪些书来入门，我一直很难给出一个完整的书目，因为 UX 这个课题非常大，所跨专业也非常广，但本书让我眼前一亮。作者的写作思路和受众都是偏向软件开发者的，所以全书非常贴近真实产品和实际工作，通过数量众多和极其细致的案例分析之后，相信能帮助读者们对 UX 行业的各种概念有深入的理解。

——JJ Ying（百度 MUX 上海设计团队负责人，

著名设计类播客 Anyway.FM 主播）

译 者 序

写这篇译者序的原因，其实就想和读者说说话，或者自言自语几句。在 B 站看视频的时候，偶尔会想：要是一本书也有弹幕就好了。可以看到读者的吐槽和称赞，了解读者感兴趣的内容。后来在微信读书的 app 里面，看到了一种实现的可能性，就是让读者选取某一句话来高亮评论，让看书这件事也有了一种微妙的参与感。

阮一峰说过，比较一下花费的时间精力和获得的报酬，翻译实在是一件不划算的差事。然而当他得知有机会接手偶像的新书时，还是毫不犹豫地答应并专门写了一篇博客来表达激动之情。而去年我和同事边蕤在北京参加完一项行业大会准备离场时，偶然在展台上看到了一个熟悉的封面，正是她参与翻译的第一本书。这可能就是译者的喜悦吧。

一天在工作微信群里看到《The Joy of UX》在寻找译者，我就关注了一下，在看到副标题"User Experience and Interactive Design for Developers"之后立即决定：我要翻译它！在过往的工作经历中，我一直和程序员们打成一片，他们也说我是一个"developer friendly designer"。

回到 10 年前的大学时光，我泡在图书馆里，一边摆弄着 Photoshop、Flash 做海报、小动画，一边学会了自己用 HTML、CSS 和那时流行的 jQuery 做个人网站。第一份实习工作就是 Flash 游戏程序员，然而在短短 3 个月之后就离职放弃了——现实中的开发工作远不是跟着教程做几个 demo 就能搞定的，而我也对程序员的工作有了更多的敬意。

今年，也是初代 iPhone 发布的第 10 个年头，有人说正是这款产品的流行，让整个行业甚至整个社会重新认识了用户体验设计的重要性。这款产品的设计哲学，我想引用它背后的两名产品设计师的话来传达：一是史蒂夫·乔布斯说的"Design is not just what it looks like and feels like. Design is how it works。"；二是乔纳森·艾维说的"It's very easy to be different, but very difficult to be better".

一件事物、一个名词的流行往往是把双刃剑，我遗憾地发现，直到今天，当一个人提到"UI设计""用户体验"的时候，你往往并不知道他指的是什么。可能是外观风格，可能是信息的组织与表达方式，可能是从接触到离开整体环环相扣的使用感受，也可能根本不是设计相关的问题。而这本书，正是让你自己动手参与进来，理解谁是你的用户，如何展开产品设计工作，怎么衡量这项设计对用户有没有带来实际有效的价值，以及最重要的——为什么要这样设计。

首先，它是写给开发者看的。不要再担心自己审美不够好、不会手绘、不懂配色，所以做不好设计。作者也不会，但这并不会阻碍他做出杰出、有价值的产品设计。跟着作者行动起来吧！一起认识几名用户，了解他们生活的辛酸与快乐，然后利用书中提供的一套框架，勇敢地做出尝试，测试它的表现，做出一点点修改，并最终让这些亲爱的用户生活得更美好。别忘了，你懂编程，这是一项了不起的技能。我常常羡慕那些独立开发者，在掌握了用户体验设计的基础之后，可以亲手来实现、打磨自己的产品。而你也可以做到。

其次，我觉得它也很适合国内的用户体验设计师群体，特别是新人。很多"设计师"都纠结于周围同事不懂得欣赏，不认可自己的作品，自己工作的价值得不到有效体现，并对此感到迷茫。那么翻翻这本书吧，书中的"用户画像""可用性测试""数据监测"等名词你一定听过，也可能自己就常常跟别人讲起，可是你了解如何实践，以及为什么做这些吗？我希望通过阅读这本书，你可以跟着书中的案例，重新审视一下自己的日常工作离用户有多远，有没有为他们带来价值，看到自己努力的方向。

我们可以做一枚螺丝钉，也可以成为一个创造者。走出办公室去认识你的用户，从他们身上学习，为他们的真实生活而设计。在他们感受到愉悦的同时，你也会明白用户体验设计的乐趣就在这里。

最后，感谢那些在过往工作中和翻译本书过程提供帮助的朋友们：

- 感谢 Sebastian 和邹洋，带我入行，让我懂得了什么是交互设计，什么是 sign & feedback。游戏设计远比其他数字产品的设计精妙和复杂，充满乐趣和挑战。
- 感谢张勋，给予我极大的信任和支持来负责全平台产品的交互设计工作，正是这种难得的机会帮助我成长为一名合格的交互设计师。而他也是我的榜样，让我看到一名优秀的产品设计师应该有怎样的知识视野、管理能力、技能和担当。
- 感谢目前供职的 ThoughtWorks。它不对员工设限，鼓励知识的融会和分享。这里的用户体验设计团队有机会尝试本书中提及的各项实践，扩宽自己的工作之路。特别感谢小爱帮忙促成本书的翻译。

- 感谢边蕤，作为一名"过来人"，给我传递了第一手经验，打消疑虑，让我觉得自己也可以挑战翻译工作。

- 感谢华章的关敏老师和张锡鹏老师，帮忙协调、审稿、编辑，教我这个对流程完全不懂的新人顺利完成翻译工作，还给了我很大的鼓励和宽容。我能从他们身上感受到对图书、生活、知识传播工作的热爱。

- 最后要感谢家人的支持。特别是我媳妇葱葱，不仅时常督促我这个"拖延"患者保持更新，（尽量）按时交稿，作为中文工作者，她还在最后完稿时认真地帮助校对、润色，消灭了不少不通顺的句子（bug）。

最后感谢你读到这里，这是一本会给你带来启发的书，如果你有疑问或是根据本书做出了令你骄傲的实践，欢迎与我（http://weibo.com/jimmy143）分享。

杨少波

2017 年 8 月于西安

序

　　一个对自己教授的课程充满热情，并且能把热情传染给别人的老师，你很少有机会能遇到。David 就是这种极少见的老师之一。这一点，我在他的课上、从他的学生身上都感受到了，而在这本书里我感受到了同样的爱与热忱，我知道你一样也会。

　　我必须要承认：我不是写这篇序的最佳人选。我可能在用户界面设计方面有全世界最差的天赋。但历经多年，尤其是在 David Platt 的帮助下，我已经打造出了一些很棒的软件。我带领团队制作的软件到今天已经产生了数十亿的利润，并且被数百万人使用着。

　　难以置信的是，我也学会了享受创造有突破性的用户体验的过程。我曾经以为打造优秀的用户体验是一件很乏味的事情，主要是摆弄配色和字体，还有黄金分割什么的。而 David 告诉了我们更加关键的工具和技能：对你的用户建立同理心，对假设进行测试，并且通过观察用户和软件之间的交互来对这些假设不断地进行迭代。换一句话说：爱上你的用户，给他们的幸福感排出优先级。

　　当我最终开始拥抱 David 在本书中写到的这些技术和流程之后，就再也停不下来创造令人愉悦的用户体验了。它们同样对我在开发软件这件事情上产生了深远的影响。用户体验的核心就在于对用户建立同理心。建立这种同理心需要真正地理解你的用户到底是谁。这彻底改变了我对于"what"（我应该写什么代码？我应该用什么语言？我要使用什么技术？）的思考，还有对"who"以及"why"这些词汇的思考。这需要努力思考，努力实践。你必须离开键盘到真实的世界中看一看。你必须见见那些正在使用（或将会使用）你的软件的人，和他们谈谈。他们会给你灵感，会给你预期。在你创造出成果后，你需要回到他们身边，继续紧固你们之间的关系并理解他们会怎么想，什么会打动他们，找到驱动他们行为背后的那个"why"。

对于软件开发我也学会了应用更多的迭代理念。"我应该添加'X'功能"变成了一项需要被用户验证的假设。 对于所有功能上的决策，应用以用户为中心的流程，让我的软件开发流程比使用看板或敏捷方法更灵活。为了找出下一步应该做什么，我们必须明白在用户体验方面什么会施加最大的影响。

这些技术在今天非常关键，尤其是当你打造手机应用的时候。终端用户拥有众多选择，他们是善变的。如果他们没有立即喜欢上你的应用，那就再也不会去碰它。

你可以将 David 的建议纳入自己的工作流程中来取悦你的用户。进入用户的大脑，对他们的生活进行深入的感受和理解，测试你的假设，找到你自己的那个"why"。

——Keith Ballinger，Xamarin *产品副总裁*

前　言

用户体验支配一切

　　今天，用户体验（UX）是软件产品建立竞争优势的核心驱动力。体验不好的软件根本就卖不出去，硬件产品或者服务也一样。

　　打造良好的用户体验并不难，但是需要你建立起新的思考方式。本书将通过案例一步步来告诉你该怎么做。

你最强的优势

　　在如今的软件行业里，用户体验已经是建立竞争优势的核心驱动力。实际上无论你是设计并销售软件产品（如微软），还是提供硬件（Apple）或服务（UPS快递），用户体验的重要性都毋庸置疑。

　　就像"在公共场所吸烟"曾经是大家司空见惯的行为一样，以前的软件也总是把用户塞进一个五维扭曲空间里，把自己搞得晕头转向才能掌握它——用以前的话讲，就是要先成为"电脑达人"。UX大师Alan Cooper曾说过，这些"电脑达人"们"被软件虐了千百遍，伤疤都厚到感觉不到痛了"。用户也一度接受了这样的事实：这就是用电脑工作的代价。而现在，一切都改变了。

　　还记得1997年Apple濒临倒闭时的事情吗？最后它通过接受一笔来自微软（后者是为了避免垄断嫌疑）的现金注资才勉强维持了下来。而今天的Apple又如何成了这个星球上市值最高的公司？答案是超棒的用户体验，消费者愿意为了它付出更高的溢价。这就可以看出如今UX是多么重要。

　　对于企业用户，UX同样很关键。2014年12月，雅芳（Avon）公司不得不放弃了新版的订单管理软件。据《华尔街日报》报道，当时这家公司的独立销售代表们抱怨用新系统来处理日常销售工作太麻烦，太容易搞混了，以致最后纷纷离开了雅芳。

即使是 IBM，这家曾被认为又乏味又笨重的大公司，近日也宣布会投入 1 亿美元在用户体验咨询业务方面，在全球范围内建立设计实验室，招募超过 1000 名新员工。

无论你在做什么，在为谁提供服务，你都需要提供杰出的用户体验。它不再是备选，而是必需。

UX 不是选择字体和配色

有超多的开发者和管理人员都认为，用户体验设计就是在选择字体、配色方案，还有给按钮加上圆角什么的。大错特错！那些弹窗的圆角，还有可爱的动画，都是处于设计流程最后期的部分，也是最不重要的部分。我的同事——软件传奇人物 Billy Hollis 说它们"是装饰，而不是设计"。

那么，用户体验（UX）和用户界面（UI）之间的差异点到底在哪儿呢？就像所有那些在不同场景中会有不同解读的词汇一样，不同的作者对此也总有不同意见。在本书范围内，我用 UI 这个词特指在打造软件的过程中最后添加的装饰部分。而 UX 这个词，借用 Jakob Nielsen 和 Donald Norman 发表过的说法："用户体验包含终端用户和一个公司，以及公司所提供的服务和软件打交道时的方方面面。"这就意味着任何可以被用户听到、看到、触摸到以及想到的都是 UX：一个程序的工作流程，它提供的一套特性，它需要用户提供的输入，以及展示给用户的内容及其表现形式等。

图 1 描述了它们的区别。图 1a 展示了一个产品，假设这代表着你要用程序去完成的一项工作。图 1b 展示的是 UI 部分，你通过它来和这个产品做交互。图 1c 描述的是完整的用户体验，它是你和这个产品打交道时的过程。

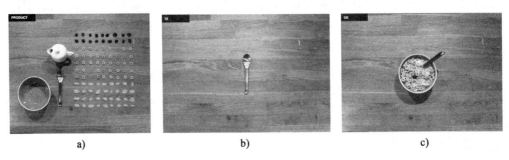

图 1　a）产品；b）用户界面；c）用户体验（来自 Ed Lea, 产品设计师）

通常，用户体验的竞赛在远未到达外观装饰阶段的时候就已经分出胜负了。把你的程序看作一件家具——比如说一张桌子。装饰就是它表层的漆面。当然，把桌子的漆面做得精细平整是很好的一件事情，你的软件也一样，但如果这个桌子选错了材料，不能满足用户的需要，那么它的漆面再精致也没用。如果你的用户想在家中采用了自然风格装修的客厅里摆放一个小桌，那么选用木质的桌子很可能合他的心意。而另一个用户，如果他需要给餐厅选购餐桌，每天都要频繁地清洁，那么金属材质会好得多。再退后一步看，你的用户真的需要一张桌子吗？是不是一把椅子就能更好地解决问题？

基础案例

我们通过一个实例来看看一些基础的开发决策是怎样成就或是搞砸 UX 的。之前我在瑞典教书时，当我用主域名"www.google.com"来打开 Google 首页时，它的服务器会检测位置来判断我所处的国家，并自动跳转到 Google 的瑞典版首页去（见图 2）。对于大多数用户的大多数时间来说，这都是一个正确的选择，如果这不是你想要的，也只需一次点击（页面下方中间的链接）就能（通过保存 Cookie）一劳永逸地搞定。

图 2　在瑞典打开的 Google 首页

我们再来看看 UPS.com——那家快递公司的首页（见图 3）。UPS 的首页需要用户自己先选择他们所处的国家和语言，要不然就什么事也做不了。如果你是瑞典人，那么大概需要 30 次点击才能搞定，读者可以感受一下。同时，你得明确地告诉网站记住你的偏好（看那个复选框），要不然下次还得再这么折腾一遍。它怎么能这样对待顾客呢？

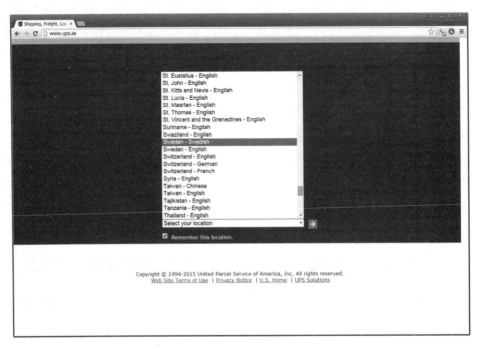

图 3　在瑞典打开的 UPS 首页

这里面发生了什么？难道是因为 Google 的程序员比 UPS 的更聪明，才能检测出用户所处的国家吗？

当然不是。2014 年，UPS.com 最高峰时每天要处理超过一亿次的快递查询请求，他们的程序员必须足够优秀才能应对如此巨大的流量。这些天才程序员不可能不懂得如何检测每次访问的 IP 地址，然后推断出可能的位置和所处国家（这真的不难：一次简单的静态表查询，为了加速可以将结果加入缓存中，每天更新一次，搞定）。然而 UPS 最后却选择了让用户自己选择他们所处的国家，而不是自动检测。

在我看来，UPS 在用户体验方面犯下大错：完全没有从用户的角度思考。做出这个决定的技术专家，表现得像一个典型的（包括我，还有你这样的）极客。我们被训练成了习惯数字化、逻辑化思考问题的人。从中学代数课开始就有了某种根深蒂固的想法：99%

情况下准确，1% 情况下不准确，那就不能称为定理。UPS 不会去猜测你的位置，因为它有可能是错的。

对于一条数学定理，这样做没问题，但是对于活生生的用户这就不对了。和定理不同，如果你的应用能让 99% 的用户开心，那你就可以偷着笑了。同时，明天继续让这 99% 的用户开心可能比想办法迎合剩下的 1% 用户更重要，尤其是当后者的要求会给其他 99% 的人添麻烦的时候。当然这种理念在某个情景下不够理想，比如生活中的交通管制。但是对于大部分的商业和个人消费者场景来说，让主流情景无缝流畅，当特殊情景实际出现时再去处理都是更好的做法，而不是麻烦所有用户去做网站自己有能力并且应该去做的事情。

Google 的语言检测算法也不是总能猜对。也许某个访问并不是真的来自瑞典；也许某个用户身在瑞典却不讲瑞典语（我）；又或者这个人就在瑞典，也会讲瑞典语，但是此刻他并不想使用这种语言（比如，一个瑞典的大学生正在练习英语）。但是做出最好的猜测，并允许用户修正错误，已经让主流用户群体大大获益。哪个公司的理念让你觉得它更尊重你的时间和精力？实际上，Google 为用户想得更长远，以至于找到了识别 UPS 快递单号的方法。如果直接在 Google 的地址栏里面输入单号，Google 就会直接给出这个包裹的配送追踪信息（图 4），点击其中的链接，它会直接带你来到 UPS 网站上这个订单的详情页面，连语言都已经设定为正确的了。这就是我为什么总是用 Google 来查询 UPS 快递，而不是到 UPS 官网去自找麻烦，而我这样做的时候，总是忍不住面带微笑。

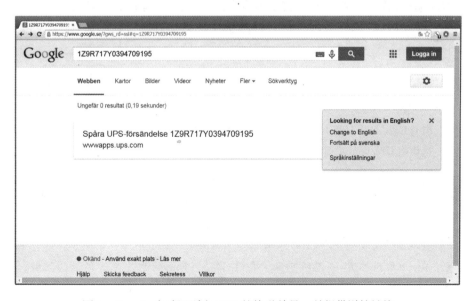

图 4　Google 自动识别出 UPS 的快递单号，并提供详情链接

如你所见，这不是视觉设计的问题，完全不是。两个网站都有自己的 logo、品牌配色和字体，以及独特的一切。但是其中一个网站强迫全部用户先要做无关的工作——让人头疼、分心，然后才能开始做他们来这里真正想做的事情——追踪快递进度。而另一个网站尽它最大的努力，直截了当地为大多数用户带来平滑流畅的体验，并在必要时允许用户修正错误。

两个网站的区别属于交互设计，有时候被称为行为设计，偶尔也被称为信息架构。这就是本书关注的。我们不会去探讨图形设计，也不会去讨论如何编程实现这些设计，已经有很多书涵盖这些主题了。我们将学习的是如何决定你要用代码实现的东西。而且我们会一直站在用户的这一边。

图 5 用 Google 打开 UPS 订单详情页面时，自动匹配了用户浏览器使用的语言——比直接访问 UPS.com 更简单

Platt（作者）的第一条、最后一条，也是唯一一条用户体验设计定律

《塔木德经》中讲到，一个没耐性的人走到著名的犹太大师希列（Hillel）面前说："我现在单脚站在地上，在我支撑不住之前，把《妥拉》（希伯来圣经最初的五部经典）的精髓教给我，"希列答道，"己所不欲，勿施于人。其他的都是对这句话的注解，去学吧。"你想要了解学习用户体验的诀窍吗？我的回答就一句话，它是我的第一条、最后

一条，也是唯一一条用户体验设计定律：

去了解你的用户，因为他不是你。

剩下的都是对这句话的注解，我的朋友。来跟我一起学习吧。

三条基本推论

我大学本科读的是物理学专业，现在我内心还保留着的一点物理学家因子总是让我坚持一件事，就是设定出基本原则，再从它们出发来判断对错。从 Platt 第一定律出发，我们可以引出下面三条推论。

- **推论一**：你写的软件本身毫无价值。它唯一的价值，或可以有的价值，取决于在多大程度上可以让它的用户开心或更有效率。
- **推论二**：软件以两种方式让用户开心或更有效率。首先，它能帮助用户解决一个特定问题——写一篇文章，支付一笔订单，或是给汽车导航。或者，它将用户带入一种愉悦的状态——欣赏音乐、玩游戏，或是和孙子孙女视频聊天。这就是可能存在的两种情形了，尽管有时候两种其实是掺杂在一起的。
- **推论三**：上面的情形里用户并不愿去思考你的程序本身，完全不会。在第一种情形里，他们思考的是自己面对的问题：正在撰写的文档该选怎样的词汇，还有没有足够的钱来支付账单，哪个人的钱要是还不上结果会很惨。而后面的情形，用户只想尽快地进入状态，待在里面越久越好。任何耽误了他们解决问题，或是让他们在享受状态时分心的事情，都不会受欢迎，比在工作时被人打扰更甚。

让我们来总结一下三条推论：用户不关心你的程序，也不关心你本人。现在不会，以后也不会。你亲妈可能会，因为这程序是你写的而她很爱你，但也可能并不会。用户只关注他自己的效率或是感受。每个应用的每个用户都想要一台 Donald Norman 所说的"看不见的电脑"，就像同名书籍中描述的一样。

你可以看到，在前面的例子中，Google 就在尽可能地隐藏自己，不像 UPS 那样。在心里记着 Platt 第一定律，还有它的三条推论，让我们一起看看另一个案例吧。

示例：要保存吗？

这是你每天都会遇到的状况。这简直可以说成了肌肉记忆，你都不会去想它。但是今天，让我们一起来思考一下。

在微软的 Word 软件里打开一个文档。敲上一些字或者修改一下，然后点关闭按钮。Word 是怎么做的呢？它弹出一个对话框问道，"你想要保存修改吗？"（见图 6）一位时尚的视觉设计师可以给"保存修改"对话框换上漂亮的字体，微妙的渐变色，当然还有精致的圆角。但是他没有也不能指出这个问题：这个程序应该像现在这样在用户退出时发出提问，还是应该像微软的 OneNote 一样在修改发生时就自动保存？哪一种方案会让用户更有效率、更开心？问题回到我们交互设计师这儿了，来做一个决定吧。应该如何选择？

让我们从一道算术题开始。Word 在每次关闭的时候要求你做一个选择，然后点一次鼠标。如果用户做了 100 次修改，那他就要做 100 次选择，点 100 次鼠标。如果我们采用了自动保存方案，需要在界面找一个其他地方加入某种版本回滚的功能——比如说在编辑菜单里加上一项"放弃当前文件本次所有修改"，可能会需要 5 次点击来完成。如果 99% 的情况下用户想要保存修改，自动保存就可以把 100 次点击砍掉 95 次，大大减轻了用户的负担⊖。如果只有 50% 的情况用户想要保存修改，那么自动保存实际上会增加用户的负担——100 次点击骤增到了 250 次⊖。你的程序又该如何选择呢？

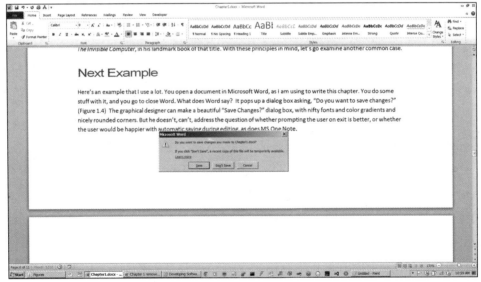

图 6　微软的 Word 提示用户保存改动。为什么它不像微软 OneNote 一样自动保存呢

⊖　对于 99 位想要保存更改的用户，他们的点击次数从 1 次变成了 0。而那一位想要放弃所有更改的用户呢，则从一次变成了 5 次。现在 100 次点击缩减到了仅仅 5 次。

⊖　对于 50 位想要保存更改的用户，他们的点击次数从 1 次变成了 0。而另外 50 位想要放弃所有更改的用户，从一次变成了 5 次。现在 100 次点击增加到了 250 次。

和平时一样，这要分情况。在 Word 中你想要保存修改的频率有多高？或者换一种方式来看：把文件改得一团糟以至于想要点击"不保存"放弃修改的频率有多高？

你的用户保存修改的频率，相比他们放弃修改的频率孰高孰低呢？这又是完全不一样的问题了。我猜你想说："好吧，我从来没见过他们要放弃修改。"和之前一样，这其实是你按自己的偏好说的话。你会发现很难不把自己带入进去。在潜意识里你是抵触"你的用户和你自己不一样"这种概念的。那么该怎么做呢？

你可以试着直接向真正的用户提问，如果能找到他们的话。如果你在自己公司的开发团队工作，打造一个面向内部使用的程序，这样做完全没问题。走上楼到用户面前提问就是了。然而，这种做法总是会遇到阻碍。这些用户想要和你谈话吗？他们能不能精确地回忆起细节？他们会不会怕别人笑话而不能敞开心扉？他们的老板是否同意占用他们的工作时间？和真实用户交谈是一个很好的开始。第 1 章和第 3 章会讨论通过这种渠道提取信息的各种方法。但你不是总能获得这种机会。

如果你在一个乙方公司的开发团队，也就是说，你是为一个外部客户开发软件，问题就更复杂了。假设你在办公室里找到一些人。你的同事，也就是那些每一天都在开发软件来卖的人。他们和你的产品用户群体类似吗？除非你在做的产品是一个软件开发工具。无论他们怎么说，都可能会误导你。微软在这个地方已经摔倒好多次了。

那么怎样才能知道有多大比例的用户想要保存修改呢？这可不是透过水晶球用神秘的读心术而是用远程数据监测技术收集大量用户的数据。第 5 章会解释远程数据监测的更多细节。你也可以邀请用户在早期来实验室做一些可用性测试，如第 4 章所述。

考虑用户体验，从第一刻开始

我见过许多公司总在犯同一个错误，就是没有从项目的初始阶段就开始考虑和计划用户体验。"我们要先尽快推出产品，然后再考虑它长什么样。"这简直是疯了。这就好像建筑师在建造房子的时候说："我们得先把供暖和管道系统安装到位，再去想谁会住在这里。"你是在为一对老年夫妇盖房子吗？那应该在底层设置一个带浴缸的卫生间，有宽宽的门，还可能要安装几个扶栏。如果是有两个孩子的一对年轻夫妇，他们可能还计划着再生 4 个宝宝呢！问题就完全不一样了。对于将要去建造的房子，你不会在还没搞清楚最基本的细节之前就花掉开发预算开始施工。用户体验就是用来搞清楚这些的。

在之前的例子里，你会看到用户体验设计决定着你应该写怎样的代码，不只是表层的用户交互，而是深入到底层实现。再次以 Word 为例，整个撤销特性的实现机制取决于用户体验设计对于什么时机保存、如何保存文件这些命题做出了怎样的决定。在前面 Google 对比 UPS 的例子里，网站首页的开发者需要明确在他们写的代码运行的时候，是否已经获取到用户所在国家的信息（Google），或是他们需要从用户那里获取这些信息，然后传递到其他代码部分来使用（UPS）。

好的用户体验设计是从项目启动的那一刻就开始了。它不仅仅存在于表层，而是渗透在程序的每一个层面上，就像一个人的性格和荣誉感一样。而且在程序开发的每一个阶段你都需要注意它，不对，是在程序的整个生命周期里，就像是在一个人的一生中，性格和荣誉感都需要被关注一样。

客户有时在产品发布的最后时刻找到我，让我对用户体验做出评价。这时已经太晚而无济于事了。架构已经设定，预算已经花完，心态已经固化。读者要以此为戒。

为什么开发者总是不大考虑用户体验

当用户面对一台电脑不知道该怎么用，或是需要参加高价培训后才能学会，又或是被它上面的软件误导做错了事情、付出了昂贵的代价时，那么这台电脑对这个用户来说就只是一个昂贵的镇纸（废物）了。仍然有很多程序员和架构师觉得他们不用去操心用户体验。下面我们来看看他们为什么会这样说，以及为什么他们都错了。

1. 我们的项目是比较底层的，所以用户体验无所谓

无稽之谈。每个项目都和人有着种种联系。就算是一个面向开发场景的 Web 服务，也需要错误报告、安装和配置、状态和性能监控的报表页（dashboard）等。如果一个项目只有很少量的用户体验工作，那就更应该去把这些部分做好。在 20 年前，你可能看到过这样的一个对话框跳出来说，"网络服务错误，错误代码 20。查看文档获得更多信息。"今天如果你看到谁发布了这样的产品，你一定会笑出声来。

2. 市场部决定着我们的用户体验

跟市场部搞好关系是很明智的。他们当然会感知到用户的痛点，并反馈到你这里。但同时，这些做市场营销的人并不是交互设计师。关于怎样才能让用户更开心、更高效，他们也许能给出一点线索——"客户在抱怨只要我们的程序一崩溃，他们编辑到一半的工作内容就全丢了。"——但是后面该怎么做是由你决定的。这样的事情多久发生一次？你该如何检测和记录它？解决这个问题的方案是：自动保存？提供回滚？用怎样的频率？允许用户自己配置吗？把这些问题抛给市场营销团队，你觉得他们真的能驱动用户体验

吗？他们不行，你可以。即使是他们先拉响了警报。

同时你也应该和技术支持部门的人聊聊。比起市场部的人，用户把不满更早也更不留情面地先告诉了他们。

3. 我们有用户体验小组去管那些事

有些大公司里会有一个用户体验小组来处理每一项用户交互。如果你们那里有，你可能已经发现了，他们的时间总是排得很紧，就像那些眼科医生一样。你可能求了他们 6 个月，才能约到一次 15 分钟的会面。他们没法帮你去追踪和迭代。你得自己去消化理解他们在这有限的交流里阐述的原则，并在每天的日常工作中去实践。

同时，他们的时间（非常客观地讲）总是贡献给你们公司最重要的对外产品的。他们没有时间去管那些内部使用的或是第二梯队的应用。拥有这种小组的公司重视良好的用户体验，你在参与的应用也被寄予厚望，然而你的老板并不会给你们提供对应的技能栈或资源来实现这种期望，不是吗？你得从项目团队层面准备好自己来做这些工作。

4. 用户体验设计是艺术家做的事情

那些被称为视觉设计师的人，其实更准确的说法是装潢工。我们已经知道，用户体验的游戏在到达这一步之前就已经分出胜负了。对他们保持友好，但主战场不是他们的，是我们自己的。

从哪里获得这些技能

准确地说，因为贯穿项目的整个开发流程都需要关注用户体验，你的团队中需要有一个具备体验设计技能的人。这个人知道在文档保存的例子中如果要做出正确的决定，不能依赖个人的品味或是哲学理念，而是源自实际的用户数据——了解有多大比例的文档会被用户丢弃而不是保存。并且，她应该知道如何获取这些数据，理想状况下是从程序直接获取，如果不能实现就通过专业的访谈或观察进行。我们从哪里能找到这样的人呢？又该怎么管理他们？

普通的程序员、极客不知道该怎么做，他们错误地认为用户跟他们差不多，他们做出来的用户体验设计会和 Visual Studio 差不多。有时候市场部门的人想插手来做，认为自己和用户经常打交道所以了解用户的需求。这就好比你因为自己长了牙，就认为自己可以去补牙了。视觉设计师也想加入，但你知道，这种交互设计问题跟图形没什么关系。怎样才能找到我们需要的人？

让我们看一下美军，特别是它的最小单位——步兵排。一个排通常由一名少尉、一名经验丰富的第一中士，以及大概 30 名战士组成。另外每个排还会有一名医护兵。医护兵并不是具备完整资质的医生，尽管战士们习惯叫他"医生"。军队没办法给每个排都安插一名医生。医护兵经过训练，可以初步为伤员干预和稳定伤情——止血、注射、恢复呼吸等。在今天的战场上，能够在第一时间提供干预措施，是保证伤员存活的重要链条上的第一个环节。

我们在用户体验这件事上需要的角色就类似于医护兵。一个人了解基本的用户体验设计概念，以及常见的实践——比如知道数据是大多数用户体验问题的关键，知道如何获取这些数据。有些人还知道怎么快速、准确地生成用户画像，以便设计小组能够快速地抓住谁才是（容易被曲解的）"用户"。有些人也知道如何又快又低成本地做可用性测试，以确保项目不会因此暂停下来，或是应该直接跳过这些测试。关键点就是快速地给出用户体验问题的答案。就像医护兵一样，关键在于黄金时间施救。

有时候在一个重视用户体验并拥有一个想要控制一切细节的体验设计小组的公司里，这种关于医护兵的概念并不被买账。回到军队的场景里，这些人就是待在后方医院里的职业外科医生。如果你的方式正确，这些人其实是在团队里安插 UX 医护兵这件事中最大的受益者，比如，当他们被叫来评估那些谜之数据的时候，第一轮的可用性测试结果已经摆在他们面前。

你做得到

我的读者和学生跟我讲，实践优秀的用户体验，最难的部分就是不知道从哪里入手。人们总是经不起诱惑想要直接动手去做开发——OK，我们接下了这个项目，项目排期很紧（总是很紧的），我们开始做吧。No，别浪费时间搞什么用户画像了，我们得保持进度。用户故事？那是什么？别管了，打开 Visual Studio 就开始做。直接拿来控件摆放拖弄一番，要不要在这里放一个复选框或者是单选按钮？用一组 tab 标签怎么样？

回想我打开《The Joy of Cooking》那本书时的情形（本书英文版命名为《The Joy of UX》的灵感就是从这里来的），那本书是写给那些完全没有做饭经验的读者的，它的前言部分名为"站在炉子面前"——这也是我写这本书的方法，为了让你能从零开始。

在这篇前言之后，会有 7 章分别用来介绍打造优秀用户体验的 7 个步骤。每一章会介绍用户体验设计的一个特定技能。我是按照自己的实践经验来安排顺序的，你将看到，其中还有一些回溯和迭代。如果你跟着这些步骤循序渐进地走下去，最终一定会有很好的收获，至少比随意翻开一章然后跳着翻看要好得多。按我一贯的谦虚做法，我把这称作 Platt UX 协议。

第 8 章和第 9 章会分别展示一个学习案例，从头到尾地实践 7 个步骤。我将介绍 用户画像、用户故事、草图绘制、用户测试、远程数据监测、安全和隐私，以及最后的简化。我的学生告诉我，这种端到端的讨论能将不同的碎片拼接在一起，是课程中他们最喜欢的部分。

下面是每章将要涵盖的内容。

- **第 1 章**：我们将学习并理解谁才是真正的用户。用户是男生还是女生，年轻人还是老人，高收入还是低收入？教育类型和级别？他们希望的是什么，又害怕什么？我们以用户画像的形式将这些问题记录下来，形成一个虚构的人来代表我们的用户群体。

- **第 2 章**：我们将要了解用户使用我们软件的动机，以及他们实际是怎么使用的。他们想要解决什么问题，还是想要维持什么样的良好状态？好的解决方案或是感觉良好的状态有什么特征？我们从用户的视角，以用户故事的形式来阐述这些信息。（如果你对于敏捷开发概念中的用户故事很熟悉，会发现这里说的是另一个东西。）

- **第 3 章**：我们了解了用户是谁以及他们的需求，现在，开始绘制一些可能的解决方案。用一个低保真绘制工具（本书选择了 Balsamiq），我们可以快速地做出效果图，然后就可以拿它来测试、优化，开始一系列迭代了。

- **第 4 章**：我们用效果图演示了可能的解决方案，现在就来测试它们。选择真实用户再理想不过，但是如果做不到的话用可以模拟和替代真实用户的测试者也行。我们给用户测试的产品拟真程度也取决于项目的阶段，在整个开发过程中，步骤 3 和步骤 4 会持续多轮。

- **第 5 章**：我们计划给产品添加某些远程数据监测，以了解用户群体是怎么实际使用产品的。我们将会了解哪个特性是他们实际在用的，顺序是什么，还有他们使用的硬件是什么样的。在今天的大环境下，不使用数据监测，就如同在看病诊疗的过程中不用 X 射线或其他设备做检查一样。

- **第 6 章**：安全性和易用性经常被认为水火不相容。在这一章，我们会仔细查看两者之间的交集，去理解当它们出问题时到底发生了什么。我们会形成一项尽可能严密的程序安全保障计划，同时让软件保持可用、易用。

- 第 7 章：在接近发布产品的时候，我们不该去添加特性，而是要去想办法降低目前已经提供的特性的使用成本。这是我们对程序的最后打磨。
- 第 8 章：我们将通过前面的完整步骤，为波士顿的通勤铁路系统设计一款全新的移动应用。
- 第 9 章：我们将通过前面的完整步骤，为波士顿地区的一家医院设计一款全新的供病人端使用的网站。

本书网站

本书和世界上其他东西一样，有它自己的官网 JoyOfUX.com。图 7 展示了它的截图。

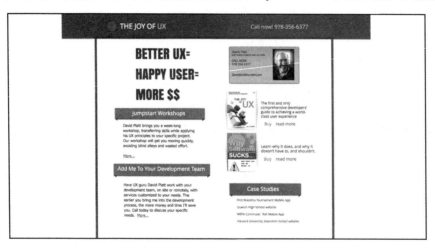

图 7 JoyOfUX.com 网站截图

在这个网站上你可以看到本书提及的一些资源，比如用户画像的模板。我还会增加一些案例，与本书结尾的两篇类似。所以过上一两个月就来看看吧。另外如果你也有一个案例想要贡献出来，我将非常高兴。

本书相关资源也可登录华章网站 www.hzbook.com 下载。

让我们开始吧！

Arlo Guthrie 在一首歌中唱到：一个人做，人们认为他疯了。三个人做，人们认为这是一个组织。如果 50 个人一起做，人们就知道这是一场运动了。

我希望对不好体验的反抗也能达到这样的目标。那么让我们开始吧。

目　　录

第 1 章

用 户 画 像

用户体验设计的基石就是去了解这个特定应用的真正用户是什么样的——不是你期望的样子或者希望他们变成的样子。没有这些知识，最终用户体验将变成为开发者自己设计的，这肯定会让真实用户讨厌。

然而，"用户"这个概念确实很难真正把握。当你在特定的情景下应用这个模糊不清的词汇时它总是会变化和扭曲。我们需要用一种容易被理解并消化的形式来表达它。在这一章，我们来学习构建一种被称作用户画像（Persona）的仿真用户，让用户的概念鲜活地呈现在我们面前。

1.1 给用户一张面孔

人们并不善于抓住概括性的描述。我们的大脑喜欢生活在一个个小部落里面。我们天生就关注独特的个体，而不是抽象的人群。

慈善组织 Save the Children 多年前在市场营销方面就明白了这个道理："你可以翻过此页，也可以每月花 16 美元拯救 Maria Pastora。"当开始去设计一个电脑程序的时候，我们也会发现大脑更容易理解某一个特定的人而不是含糊的概念。

如果上面的例子还不能吸引你，试试这个。当我女儿开始使用 Facebook 的时候，我警告她如果不仔细地设置账号查看权限，世界上任何一个人都会看到她发的东西。出于一种关爱的智慧，我还是留意着这件事。发现这样讲没有效果，我试着给她举了一个更具体的例子：如果她不严密地设定好权限，我就会看到她在 Facebook 发布的所有帖子。这次我成功地引起了她的注意，她最终认真地设定了查看权限。

为了让我们的用户群体被设计师和开发者充分理解，我们要自相矛盾地将群体特征安在一个特定的人物身上。我们通过虚构一个人来实现。这个人就称作用户画像（Persona），它在拉丁语中是"面具"的意思。

之后所有关于设计的讨论都是根据这个用户画像来进行的。我们不会问，"咱们 app 里面的时间应该用本地时间还是 UTC 时间？"或者"哪种显示格式更容易被用户理解，本地时间还是 UTC？"取而代之我们这样使用用户画像："谁来买单？ Eva。Eva 会想着本地时间还是 UTC 时间呢？ Eva 会知道 UTC 怎么拼写吗？我觉得 Eva 会觉得本地时间好得多。"再次，你注意到了面对一个抽象的"用户"和一个具体的人你会有不同的思考，就算那个人是虚构的也是如此。

1.2　创建最简单的用户画像

我们可以非常容易地创建一个简单的用户画像，它不会耗上我们一整天。你会发现它传达的信息出乎意料得多。这也会成为我们日后添加更多描述项目的基础，让画像更加丰满。

图 1.1 展示了我参与过的一个家谱 app 中的用户画像（我已经把这个用户画像以及一份微软 Word 格式的模板文件放到本书的可下载资料里面了）。

对于新的用户画像我总是喜欢从起名开始。名字可以让用户画像从一个陌生人马上变成某个你认识的人。对新出生的婴儿你做的第一件事就是给他一个名字；你不会一直叫他"宝宝"对吧。不仅仅是一个称呼，名字还在潜意识里传达了更多信息，比如民族。更微妙的是，它往往会将你的用户归到某个年龄段里：Mary 是美国在 20 世纪 60 年代最流行的女性名字，所以你很可能在脑海中将 Mary 视为一名中年女士。名字还会设定你和这个用户画像之间关系的正式感：对比一下"威廉·杰斐逊·布利斯三世"和"比尔·克林顿"。我给这名用户画像起名叫米莉阿姨（Aunt Millie）。哈哈，感觉她已经进入你心里了。

在家谱软件里她代表着想要追踪记录家族成员关系的用户群。名字中的"阿姨"让你开始去想家庭关系，还告诉你这是一个你的长辈。"米莉"这个名字让你进一步确信她的年龄段。今天你在街上不会看到很多叫米莉的人了，而提到这个名字就会让你想到一位年长的女士吧。"Jeniffer 阿姨"或者"Ashley 阿姨"就完全感觉是另一个人了。你瞧，仅仅前两个词，用户画像就已经在和你的潜意识沟通了。

你的用户画像还需要一张照片。潜意识通过你的右半脑从图像中获取大量信息。极客们往往会忘记照片，因为他们都是用左脑思考的人。但是如果没有照片，用户画像就不大有用了。

	Aunt Millie	"I want to get all of this down for my grandchildren, while I'm still here and have most of my marbles."

Genealogy App Usage Info
Parents' generation still living: mother in nursing home
Siblings: 3
Children: 3
Grandchildren: 5

Hardware/Software
PC: Dell 2 GHz Pentium single core 1 gig RAM 200 GB hard drive 1024x768 VGA, Windows XP
Phone: POTS (plain old telephone service), clamshell phone, doesn't text
Tablet: doesn't have one

Personal Information
Age: 68
Sex: F
Education: East Overshoe NJ High School '64, secretarial curriculum, a few community college courses, but no degree
Car: 2006 Ford Escort
Drink: Vendange Chardonnay, $7.00 for a 1.5 liter bottle
Hobby: Sewing

Character Cues
Pet Peeve: "When the computer does all that stuff that it shouldn't do."
Friends Say: "A little spacy. Talks best early in the day. Really proud of her grandchildren."

图 1.1　家谱 app 的用户画像

图 1.2 展示了我在用户画像里用过的几张图片。注意它们是如何传达信息的：极客软件架构师正在画出系统的草图，看起来很困惑的经理遇到了自己解决不了的

问题，因为退休金没有被授予而没法退休，有点凶的会计拒绝报销你在机场花 5 美元买的咖啡只因为你把收据搞丢了。我没必要给每个人写上一个标签，对吧？从图上一眼你就知道我在说谁。米莉阿姨的照片显示了一位年长的女士，慈祥地微笑着——一个你愿意去帮助的人。

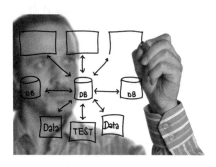  

图 1.2   用户画像照片示例

当你创造一个用户画像来表现一个手机 app 的用户时，你也会发现图片同时交代了这个 app 的使用场景。用户们想去哪里？发生了什么事情？周围还有谁？相比一个桌面电脑软件，这些信息对 app 都是非常重要的。图 1.3 是一些例子。

图 1.3   手机 app 的用户画像示例

你可以在很多网站上获得图片。我通常会从 iStockPhoto.com 找起。这个网站上有很多高质低价的图片，一张大概 10～20 美元，站内搜索也挺好用。别用那种带水印的盗版图片，那个看起来很糟糕，你也会被当做一个又懒又坏的家伙。光明正大地把图买下来，像我（大部分时候）一样。

有了名字和照片之后，下一个是标题。用一个简短、容易被记住的句子来总结这个人物。就像是一句口号一样，但更偏向解释性的描述。"没有失败这个选项"就是一句经典的话。米莉阿姨这样表达她自己："趁我还健在并且记忆清晰，我想为子孙们把这一切都留下来。"

你可以自己拿捏什么时候搞定了这个用户画像。看看图 1.4，这张照片闻名于世。这个家伙的标题长了点儿，有 54 个词，但我让他占这么大的篇幅是因为这标题太适合他了。对丘吉尔来说只要名字就够了。你会对这个用户是怎样的人有任何疑问吗？你难道不能预测出他的喜恶，他会喜欢用什么样的软件（如果他可以活到使用软件的年代）吗？当然可以。姓名、照片、标题一起发挥作用，多么美妙的事情。

Winston

"You ask, what is our policy? I will say: It is to wage war, by sea, land and air, with all our might and with all the strength that God can give us; to wage war against a monstrous tyranny, never surpassed in the dark, lamentable catalogue of human crime. That is our policy."

图 1.4　姓名、照片、标题一起发挥美妙的作用

1.3　添加细节

姓名、照片、标题构成了用户画像的基石。一个小小的示例就说明了它多有效。我们还需要添加更多细节让这个画像鲜活起来。接下来的部分会解释其他我们会用到的信息项。

1. 三大细节

三个最重要的细节是年龄、性别和受教育程度。男人和女人对于新技术有完全不同的用法。就像零售业大师 Paco Underhill 在他的书《 Why We Buy：The Science of Shopping 》（ Simon & Schuster, 2008 ）中提到的，"男人喜爱的是技术本身，对马力，对让人赞叹的性能……大家聚在一起一边烤肉一边比较他们硬盘的容量，网速的快慢。就像他们说的，这是男生的事情。"而另一边，"女人对于技术的世界采取完全不同的理念。她们把技术拿来就转化成了实际应用。她们会看穿各种新奇的小玩意还有那些故弄玄虚的行话，最后发现它是没用的东西。对于技术，女人看重的是它的用途、它的原因以及它能（为我们）做什么。新技术总是承诺可以让我们的生活更轻松高效。女人对她们的要求只是满足用途即可"。当你选好了名字和照片，性别也就很明显了，但是做出正确的选择至关重要，所以暂停一下，确认在性别方面你的数据很好。

我询问了之前提到的家谱应用的开发者，他的用户群分布的统计情况。他告诉我 75% 的用户是女性。所以我选择了用米莉阿姨而不是亨利叔叔作为用户画像。

年龄也是了解你用户群体的关键。绝大部分的程序员和设计师都是年轻人，毕竟这些技能存在的时间并没有很长。他们不会自然而然地明白年长用户的需求。年长的用户通常视力都已经下降，也不大能精确地做手部活动。他们理解新事物也比较慢。他们不会多任务操作，对大量的功效感到困惑。另外他们往往在使用一些老旧、没有那么强大的设备——往往是子女淘汰下来的，并且是孙子辈们来教他们怎么使用。

用户的年龄也表明了计算机时代在他们人生中占据了多少岁月。在我爸妈的退休社群里，大部分正式的信息交流还是在纸上完成的——菜单、活动计划表、聚会通知等。他们大多在 50 或 60 多岁时才用上第一台电脑，所以对于使用数码技术其实从来都不感觉得心应手。另一方面，如果你想要去接触今天的大学生，就只能通过智能手机了。安装了 Windows 的台式机成了爸妈们用来处理账单一类无聊事务的东西。

家谱软件的客户告诉我 85% 的用户都是 50 岁以上，40% 在 70 岁以上。我猜年轻人对于找对象来创造下一代更感兴趣，而不是记录他们的祖先们。所以我给米莉阿姨设置了年龄的中位数——68 岁。

最后我们来看看受教育程度。软件开发者们都有大学文凭。20 年前，大部分的用户也有大学文凭，但今天五分之四都没有。你得对用户群的受教育程度有一个预期。一个定位给大学毕业生的 app 对高中就退学的人来说可能没什么吸引力，反过来也一样。米莉阿姨的高中文凭以及文秘课程，比客户的主要群体略低。我希望开发者们在她身上不要做太多的假设。

2. 业务往来

用户画像还需要一些信息来描述这个用户和我们 app 的业务运营有哪些关联。对于不同的商业领域这个当然千差万别。如果是给飞行员写一款 app，我们可能要包含一些关于他们飞行的频率和时长的信息。如果给病人设计一款医疗 app，则可能要体现诊断结果和治疗方案。

对于米莉阿姨，我添加了一些她的亲属关系信息，她的每一代亲属的人数。

3. 硬件和软件

了解用户画像运行我们的 app 时使用的软硬件也很重要。他会花费时间和金钱来获得最新的设备吗？还是完全相反？或者一些中端价位的？不仅仅是一些技术细节，这也可以说明他们对技术的感受。一个总是拿着最新款 iPhone 的人和一个使用几乎从不升级的 Dell 台式机的人，他们和这些设备的关系也完全不同。他们每个人对于软件交互的期望、忍受度或者放弃的标准也不尽相同。

米莉阿姨，她所在年龄层的典型用户，用着一台老旧的 Windows 电脑。她觉得没有升级的必要。它能完成她想要做的事情，也就没有花钱升级的意愿。如果她的孩子送给她一台安装了 Windows 7 的电脑，她可能欣然接受。不过，她还是会把这台新机器设置成她习惯的样子。不过 Windows 8 或者 Windows 10 那种磁贴界面就绝对不行。另外频繁地活动胳膊去触摸屏幕会让她的关节炎发作，所以触屏也不要。Windows XP 才是她的菜啊。

4. 精神元素

现在有了用户画像的各种关键信息，我们到这一步似乎就可以收工了。但是还有一些特定的信息会让我们说："啊，没错，我认识这个人。"

我把它叫做"精神元素"，来自 Robert Heinlein《Stranger in a Strange Land》书中的"神交"这个词。他这样描述："去深入地了解对方，以至于观察者成了被观察对象的一部分……"这正是用户画像能帮我们做的事情。

精神元素可以是任何你觉得合理的项目，下面是这些年来我见过的一些。不用选太多，3～4 个就可以了，也不要花太多时间，它们纯属锦上添花。

- 汽车
- 手机
- 饮料
- 运动
- 家庭成员
- 恐惧
- 目标
- 爱好
- 期望
- 最近读过的一本书
- 音乐播放器
- 音乐口味
- 最喜欢的几部电影
- 政治立场
- 宗教信仰
- 喜欢的餐厅
- 平板电脑
- 喜欢的电视节目

对米莉阿姨，我添加了她的汽车，一台实用主义、大众脸、看起来不怎么值钱的车。还有她的爱好——缝纫，这表明了她的年纪和性别。最后加上她喜欢喝的廉价红酒，暗示了她是一个节俭的人，对于那种"精致生活"没什么兴趣。

5. 个性的暗示

在我另外的用户画像经验中，还有两个成功的元素，它们可以很好地暗示出这个人的个性，在另一个角度给我们提供了有用的见解。

第一个是其他人对他的评价。Robert Burns 说过，它帮你从第三者的视角观察一个人（"To a Louse"，1786）。所以我加入了一个环节，标题叫做"其他人怎么说"。我经常修改这个标题来标识其他人是怎么看怎么做的。对于一个商业活动用户画像，我可能叫"同事怎么说"或者"顾客怎么说"。在米莉阿姨这里，我把这个环节称作

"朋友怎么说"。她的朋友说道："有点神情恍惚，最好在每天早上跟她讲话。以她的孙子孙女们为骄傲。"这告诉了我们她是一位长辈，以家庭为中心，开始容易忘事儿，朋友们要开始重新适应和她相处了。

另外一个我很喜欢的性格暗示就是用户厌恶的东西，就像 Frank Herbert 在《沙丘》中问道的，"什么是你所鄙视的？这些才是你被他人记住的点。"如果你真的想要了解一个人，就去了解一下他恨什么。然后把这个也放进用户画像里，因为它真的可以帮你搞清楚这是一个什么样的人。拿米莉阿姨来说，这一点就是"当电脑做了它不该做的事情"。你觉得这不足以让你理解并帮助她吗？她那含糊不清的碎碎念正表明了她是怎样的一个人，以及你的程序应该如何工作来让她满意。

6. 个人短文

最后，我还多次成功地加入了用户自己写的文章。通过它你可以直接和这个人交流。文章不一定要长，500 词就很多了，400 词左右会更好。

这种格式的内容很难写。你要先把所有的想法写出来，最后再一次次地精简。你得情愿大刀阔斧地砍掉几句话，甚至整个章节。这可能有点难，因为你总是会担心删了那部分之后又反悔了怎么办。这种什么都不愿删的心态会让你的思考陷入停滞。

在对这部分轻车熟路之后我发现了一个技巧。对于每个你在写的短文，另外保存一个备用文件，把你想删去的文字先复制粘贴到那个文件里。当你这么做的时候，砍掉一句话就容易多了。我发现其实很少想要把删掉的部分再粘回来。但是保留这种恢复的能力，你一开始做删除的决定时会容易很多，这就是关键。

下面是米莉阿姨的文章。注意它写得有点主题涣散，而且缺少我们说的"计算机知识"。但这就是用户自己，你想要和她做生意，就要接受这些。

　　我越来越老了。你可能觉得这事儿从来都和你无关，但并不是这样。当我多年前埋葬我父亲的时候，我都没有太去想这件事。但是去年把母亲送到护理中心的时候我开始认真思考自己所剩的人生。

　　我母亲已经 92 岁，她开始失去自己的意识了。当我去看望她时，有时候她能认出我，有时候会以为我是她的妹妹，我的 Becky 阿姨。我猜这就是老年痴呆症吧。

然而她对于童年的记忆很清晰，我们时常聊起这些。她的兄弟姐妹，她的双亲，也就是我从没见过的外公外婆。我在想：嘿，我应该把这写下来，她可能不会再有机会说起这些了，其他人也不会记得这些事情了。同时我也不知道自己还能活多久，或者还能记住多少事情了。

我女儿的孩子现在五岁，他们问我，"外婆，你还是小姑娘的时候世界是什么样的啊？"我觉得很有必要把这些都记录下来，这样他们以后就可以看到。也许他们就可以来帮我，我们把它做成一个共同计划。

几年前孩子给了我那台电脑。好吧，我猜是 7 年或者 8 年前。它上面有一个什么 Windows 的东西。我有时候用它收一下邮件，或者查查商店的开门时间，诸如此类的小事吧。我的孙子孙女们会给我寄来电子贺卡，很有意思。我还是喜欢他们自己做的，写在纸上的那种，但是现在的孩子就是喜欢电子的啦。我经常听说坏人盗取账号和信息一类的新闻。我的账本什么的现在都还好，我不会因为这些事情睡不着觉。

我试过在记事本里面把东西都记下来，但是用起来比较难，而且一点儿也不好看。好几次没有搞懂怎么"保存"，我把已经打好的字给弄丢了。另外还有很多东西在我母亲的盒子里，像照片，毕业证书等东西，我没法放在记事本里面。

我的电脑高手外甥说他能找到一个软件让我把所有东西都存进电脑里。他安装了然后教我怎么用那个软件。他移动鼠标，点击，一顿拖放还有各种我不懂的操作。小孩子们试着帮我，但我跟不上他们。最后大家都很累心。

看清楚屏幕很难，我的手指也没有他们灵活。我需要一种不会跳来跳去，静静地待在那里只要我准备好做点什么的东西。我真的希望它给我一些指引，而不是等着我自己研究。因为我经常不知道要从哪里开始。

这可能很有趣。但是电脑程序需要改进很多。

1.4　使用用户画像

现在我们构建好了用户画像，是时候用一种能让设计师和开发人员吸收并接纳的形式显示出来了。需要付出的努力当然取决于不同项目的规模和预算，但是这里有一些好主意。

不要只是把它打印出来然后放在活页夹里面。我看到别人这样做过，自己也这样做过。在今天的数字世界里，没人会看它一眼的，别用这种方式了。

你希望你的用户画像能够深入员工的脑海里，这就意味着重复。一个好主意是给同一个用户画像制作多张海报，但是用不同的照片和标题。大部分摄影师每次对同一个模特会拍摄多张照片，所以找到多张照片应该不会太麻烦或太贵。图 1.5 展示了示例。

Winston

"Now this is not the end. It is not even the beginning of the end. But it is, perhaps, the end of the beginning."

Winston

"You ask, what is our aim? I can answer in one word: victory; victory at all costs, victory in spite of all terror, victory however long and hard the road may be; for without victory, there is no survival."

图 1.5 额外的用户画像海报

你看遍本书后就会发现，用户体验设计是一个迭代的过程。你不会写下一个用户画像（或者其他体验设计的元素）然后就再也不碰它了。当你有了新的洞察，添加了新的条目，或是删除某项信息或勘误后就可以更新它。如果你可以更新海报，或是仅仅调换它们的位置都会有用。

为了帮助完成这件事，最好能够腾出一面墙的空间来展示用户画像。你可以把全部的海报贴在那里（最好随意一些），并把完整的用户画像写下来，包括全部的精神元素，还有短文。你会希望把它放到一个人流量很大的地方。

你也希望路过的人可以贡献他们自己的主意，或是提交一些新条目供你考虑。给墙上贴一组空白便利贴是个不错的做法，再放上几支笔（为了防止丢失可以用一根绳子绑住）。一张写着" Stella（一名军嫂）的丈夫收到了新命令，又要搬家了"的帖子就会让这个用户画像鲜活起来。

1.5　使用用户画像获得成功

让我给你讲一个使用用户画像大获全胜的故事。我那时在为一家云服务相关业务的公司做咨询。我构建了一个叫 Robert Sherwood "Don't Call Me Bob" 的用户画像，来表现一名年长又保守的 CIO，这样我的客户就理解了他们需要去争取来使用他们云产品的人群是什么样的了。他就是图 1.2 中那个挠着头的人。他是一名连锁超市的 CIO，62 岁，还有三年就要退休了。这是他的个人短文：

我是 Robert Sherwood。就是你们口里的 "Sherwood 先生"。我是这家 Super-Duper 的 CIO。我们是一家拥有 65 间分店的家族式连锁超市，大部分门店开在加州南部。你可能没听说过我们，但是我们在 2013 年的顶级零售商评选中排名 44 位，年度销售额达到了 30 亿美元。

我的老板最近在回办公室的时候给我的桌子上扔了一本《商业周刊》杂志。上面的文章讲到将数据业务搬到云上每年可以为公司节省 25% 的 IT 支出。我把这种做法叫 MbM，"用杂志做管理"。

我们从来都不是一家前卫的科技创新公司。这不是我们该去做的。我们让其他的公司先去踩坑。我们的电脑还是 Windows XP 的机器呢。你可以说我落伍了，但它们已经能满足我们的需求。而我们已经为此付了钱。如果有什么它们办不到的，那我才会开始寻找替代品。

零售业是一种利润极低的行业，通常只有 4% 或更低。最近几年还有下降。我们需要通过买地和开新店来保存资本。这样我们会增加销售额和购买率，从而压低进货价格并且提升一点点利润。我们当然不希望在新电脑上面多花钱了。

CEO 有一个聪明的侄子刚刚从商学院毕业，还有一个女儿称自己是网页设计师。他们想要开展一项新业务，就是让顾客在线上下单然后我们线下送货到家，就像纽约的 FreshDirect 或是马萨诸塞州的 Peapod 一样。CEO 可能会让他们去做这个，并让我来监督。就在我剩三年退休这个节骨眼上，哦不。

就算我不能跟上他们想要使用的新技术的发展速度，却可以提供他们缺乏的零售行业的丰富经验。他们将从小事做起，去犯错，然后快速地成长起来。我们目前的数据中心没有需要的机器电源甚至于空间，我们不得

不租用别处的。年轻人们一直在讲"云"，但是如果我们因为顾客的数据被
黑客盗取而上了晚间新闻，不仅送货生意砸了，我们的进店购物业务都要
受打击。对我来说，完全不值得冒这种风险，但我已经得到了命令，我
的退休金还没有完全授予，这让我进退两难。我真心希望这些云玩意不要
让我丢脸。

当我给这家技术公司的员工讲这个故事的时候，他们很快心领神会。主架构师
说："我看到那位 Robert（用我们的产品）会冒很大的个人风险。我们必须让他感到
放心。"这一刻我知道用户画像发挥作用了。

第 2 章

用户想要什么（何时、何地、为什么）

现在我们知道了用户是谁，让我们把注意力放到他们想要做的事情上吧。他们想要解决什么问题，或者想要进入哪种愉悦的状态？

这一章我们将了解如何通过用户访谈来回答这些问题。我们还要学习如何通过讲故事的形式向开发团队介绍这些问题。

2.1 我们还没开始编程

在第 1 章，我们了解了真正的用户是怎样的——不是我们自己，也不是我们希望他们变成的样子。然后我们把这些信息用一种开发人员可以理解的格式表达出来，也就是：用户画像。

这一章我们做些类似的事情。我们将要找出用户到底要通过软件做什么。他们想要解决什么问题，或者哪种愉悦的状态是他们想要进入并保持的？好的解决方案，或者让用户感到愉悦的特征是什么？最后还要用一种容易被开发团队消化的形式表达出这些：讲故事。

你以为成为一个用户体验极客是在说编程吗？错了。在第一阶段，我们应该像一名医生一样思考。而第二阶段，我们要像一名小说家。

在这之后，我们才能说："OK，现在我们认识了用户，了解了他们想要的，我们用技术手段能满足这些吗？"在后面的章节，我们将持续地讨论。

2.2　但用户也不知道他们想要什么

在每堂用户体验设计课上我都听到这样的抱怨："用户不知道他们想要什么。可是他们不讲出来我们怎么能给他们开发呢？"

这是个老问题了。在我入行的第一份工作里，我的老板作了一首叫"开发前夜"的诗，它的结尾是这样的：

> 用户咆哮着奚落道："这是我要求的，但不是我想要的！"

这可是 30 年前发生的事，差不多是整个计算机行业存在时间的一半了，而这可能从那时起就不是新鲜事了。

用户可以给我们非常有价值的信息。他们的满意度，还有与之相伴的付费意愿，都是我们衡量服务质量的终极指标。但是他们不知道该用什么样的体验设计专业名词来表达，这就好比病人不会自己来诊断他们的疾病一样。只要你去问，他们就会告诉你什么让他们感觉良好，什么感觉很糟。但是给出正确的诊断可不是他们的任务，而是我们这些宣称受过专业训练的专家的任务。

想想吧。当一个病人走到医生面前，他们不会说，"我觉得我得了 C 型爆发性麻风病，Kaminski 变种。"他们会这样讲，"噢，我的胳膊肘很疼。"

找出病人为什么肘部疼痛是医生的工作：是他撞到了什么东西，还是癌症侵蚀了他的骨头，还是老婆的背叛让他很焦虑？在这之后，医生才能决定是开一些止疼药和冰块，还是动手术做化疗，又或是让他干脆离婚。

病人不知道哪些信息是更重要的，或者是否应该把不同的情况联系起来。提出正确的问题是医生的工作（见图 2.1）："描述一下是哪种疼。什么时候开始疼的？那个时间段你做了什么？你另外一侧的胳膊肘疼吗？我这样弯一下你疼吗？这样呢？"设备检查和成像可能会确认医生的判断，但是所有诊断都开始于和病人的访谈以及检查。这是一种很难学的技能，把这一点做好的医生就是好医生了。

图 2.1   医生正在向他的病人提问

对于我们以及我们的用户也是一样的。他们不会对我们说："听着，我想要一个长着粗眉毛的动画角色，它会时不时地跳出来说'程序好像要崩溃了。你不觉得应该保存一下文件吗？'"和病人一样，我们的用户会竭尽所能地表达他的感受，刚开始可能很模糊，比如"我真想杀掉那些混蛋！"。问正确的问题来做出诊断是我们的职责，找出到底是什么伤害了他们然后才能阻止这种伤害。"你心里在想的那个混蛋是谁？他今天做了什么让你想要杀掉他？"诸如此类。通常，随着我们仔细而耐心的探究，就能让用户跳过暂时的愤怒，找出问题的本质："我工作了三个小时，然后跳出了这个傻傻的弹窗出来跟我说，'Word 遇到了错误需要关闭'，然后我所有的工作都丢了。"

这是一种很难学会的技能，把这些做好的用户体验设计师就是好设计师。如果本书讲到的主题中有一项依赖于经验，那就是这个了。本章将为你指明正确的方向。但不同于本书中的其他东西，这需要你练习、练习、再练习。

2.3   找到参与测试的用户

为了找出用户想要的、需要的，我们只能和他们聊聊。如果能接触真实用户和他们对话是最好不过的，但是找到他们可能比你想象的更棘手。

用户想和我们聊聊
你可能不会经常把政府机构和技术创新联系起来，或是去倾听和回应客户。

但是我有一个学生，他在为欧洲一个地区政府工作，在从我的课上毕业后，觉得有必要去改变一下他所在的数字世界了：就像我教给他的，他坚持做真实用户访谈。接触上这些用户并不容易。他的老板说他们没时间，但他还是坚持不懈地与一些用户会面。

　　他发现这些用户群体非常乐意被咨询。他们觉得好用的软件是不可能存在的。他们认为软件天生就是难用的，世界就是这样运转的。对于新系统他们的预期就是它会和之前一样，按住喉咙从你嘴里塞进去。他们从没想过有人会来问他们是如何工作的，需要什么，他们最常用的是什么，哪里会卡住，又怎么继续下去，等等。我的学生跟我讲："用户对于被采访非常激动。因为从来没有人这么做过。我们应该以此为耻。"

　　有时候你没法直接和真实用户对话。你希望这么做，也知道这样做后结果会更好，但是你就是不被允许。例如，在咨询业，很常见的（令人沮丧的）情况是客户的IT部门运行着项目，他们不允许你直接接触用户。他们想要控制各种事务，所有事情都要过他们的手，开发他们想要的而不是用户想要的东西。有时候，用户的老板也会成为阻碍。

　　我把这个叫做"第三方问题"：付款的一方不是使用软件的一方。有时候我也把它叫做"谁出钱谁说了算问题"：手里拿着钱的人制定规则，而这些规则挡了你的道。这是个麻烦的问题，你可能永远没法完全解决它，但是这里有一些变通方法，用它们你可能会赢回一些。

　　你可能需要找某种用户代表或替代者。有时候你可以找出一个代理人。需要注意的一种常见情况是这种志愿者本身是一个技术迷——她对软件有兴趣，喜欢参与其中，这就是她做志愿者的原因。从她身上得到的结果会有一点扭曲，因为你的主流用户群没有必要是技术迷。也许你可以轮换这个代表角色——这一周是一个人，下一周是另一个人。这种变化刚开始可能很混乱，但是很快你会了解到你的用户群体的共性和变数。

　　有些时候用户只是太疲惫而不想和你说话。这常发生在工业应用领域。这些人下班后只想快点离开那个建筑然后来一瓶冰啤酒。他们不想花时间跟一个一直在点头的极客交谈。在医疗机构中也会遇到这种情况，免费加班数个小时在这里也很常见。在这种情形下，找到他们那里的酒吧买点啤酒来可能管用。在他们两瓶酒下肚后，你可以发问了："那个 XYZ 软件包到底哪里让你不爽呢？"看，话匣子打开了。就像人们所说的，酒后吐真言。

如果遇到更糟的情况，你可以雇佣一个对你关注的话题比较了解的外部专家。我曾为一个医疗软件工作，由于一系列的原因没法接触真实用户。我认识一名护士，她任职于另外一家医疗机构而且和我们的目标用户做的事情很类似。我付钱请她来测试，她发现按照顾问的报价做几个小时的兼职是一笔不菲的意外之财。她做得很棒，所以我们最后的解决方案中的工作流程应该会得到改进。

2.4 采访用户

和用户或者他们的代表人做访谈（见图 2.2）是一项重要技能。医生要花费数小时来学习如何与病人做访谈，而且这个过程被广泛地研究过。举例来说，"什么才是成功的医患访谈？对于双方交互和结果的研究"（www.ncbi.nlm.nih.gov/pubmed/6474233）中讲到，"医生的行为，特别是那种发起谈话的行为，将比患者的行为对诊断结果有更大影响。"

图 2.2   用户体验医生正在向他的用户提问

总而言之，你得让他们开口说话。从开放式的问题开始吧。经过训练的医生会这样来打开话题："你今天是怎么过来的？"下面是我列的一些有效的方法：

- 介绍下你自己，以及在 A 公司的角色吧。
- 你最想要解决的问题是什么呢？
- 可预见的最大的风险是什么？

- 什么事情会让你担心而辗转反侧？
- 告诉我什么是最惹你烦的东西（什么都行）。

随着访谈进程的继续，你需要挖得更深。你仍然要让问题尽可能地保持开放性，才能从用户那里挖到尽可能多的信息。假设你在开发一个招聘搜索网站，你可能会说："跟我讲讲你理想的新工作吧。"这会让用户告诉你他最关心的几件事情。他可能会说："我孩子正在公立学校读书，所以我并不想搬家。我在找离我家 20 或 30 英里⊖以内的单位。或者能远程工作也行。"这里你得到了两条信息：阻止这名用户跳槽的几个因素，以及一个貌似合理的替代者。如果你这样问，"你想要按职位搜索还是工资范围搜索？"你不会得到上面的信息。现在用户已经打开话题了，你可以马上跟进，比如说，"很有趣，再给我讲讲……"

要注意不要把回答引导到你想要的方向上。也许你能得到你提示的回答，但那可能是虚假的。这是 2004 年时我犯的一次错：

> **我**：你希望手机能给你提供驾驶导航吗？
>
> **我妈妈**：不。通常我都能搞清楚自己在哪里，如果真不知道，我就会去问人，他们有时候还会给我一杯好茶喝呢。我知道你希望我说 yes，因为你觉得它很酷，但我真的不感兴趣。抱歉。

而其他没有我妈妈那么真诚的人，或者想要照顾我感受的人，可能为了回应我的热情而这么说，"当然，这听起来很酷啊。"就算他们并不真的这样觉得。我已经从这件错事上得到了教训，至少在这类人群身上（很显然，10 年之后，这项技术在手机上变得无处不在了）。

最终你可能会落脚到一些更具体的问题上。这样做的时候，要避免因为模棱两可而会错意。不要去问："现在你还会去买很多音乐 CD 吗？"你们两人都不确认多少才算是"很多"。而你应该这么问："过去半年里，你买过多少张实体的音乐CD？多少首 MP3 呢？"

2.5　观察用户

就像 Togi Berra（美国棒球大师）那句名言所说，"你可以通过观看观察到很多。"

⊖　1 英里＝1609.344 米。

这是真话。所以如果你想要了解用户实际是怎么做的，试试在他们日常出没的地方观察一番。

查看用户活动分为两种：隐蔽的和公开的。前一种我们很熟悉。很多人每天的工作或多或少是在一个摄像头的监控下的：银行柜员、出纳、药剂师，还有其他的（见图2.3）。很多我们的公共区域也都是处于监控下的：商场、交通枢纽等。从这些视频中你可以获得很多客观的信息，比如一列火车有多少男性和女性乘客上车了。你可以对药剂师做一个时间 – 行为研究：她走向这个药品陈列柜的频率是什么，另一个柜子呢？这是一种观察事物并获得有用信息的方式。但据我所知，这不是最好的。最好的方式是在他们工作的时候观察，并同时向他们提问。

图2.3　隐蔽观察。这个药剂师正在天花板上的摄像头监控下工作

这是公开观察。这种情况下，你坐在用户旁边观察她使用软件。你可以和她交谈，理想情况下让她一边做一边解释她正在做的工作，还有为什么（见图2.4）。

这也就是我的那位欧洲学生对他的用户所做的事。当他们在使用老系统的时候，他坐在旁边，问道："你正在做什么呢？"一旦明白了他不是来批评他们缺少电脑知识的，他们会很乐意回答他的提问。他发现因为用户并不会频繁地使用这个系统，所以总是记不住那些快捷键。用户界面应该对他们总是一目了然的，但目前并没有做到。"我们不喜欢用这个，"他们说。"这跟我们用过的其他app都不一样。我们也不常用到它，所以每次开发都要重新折腾一番。"我的学生也可以这么问："你觉得在同一个页面里上下滚动是不是比分成不同的页面前进、后退、跳转要好呢？"但这种问题肯定只会听到一声响亮的"没错！"。

图 2.4　公开观察。用户体验设计师正坐在用户旁边观察她的操作

有时候，这种公开的观察和我们将在第 4 章讨论的可用性测试非常类似。你坐在用户的旁边观察他们如何用软件。这里的区别在于，我们不用像可用性测试那样布置任务。你只是观察用户当下是怎么操作的。同时，这里跟用户的对话更多也是双向的。在可用性测试里，理想的测试是在没有被任何外部输入污染的环境中进行的。而在当下的情况里，你是在观看用户如何在被污染的水中设法存活下来。

对于收集用户需求我最后想说的

我父亲给我讲过他治疗的第一个病人的故事。在开始诊所中的第一份工作时，他文凭上的墨水还没干呢。

一个病人走进来开始抱怨，"我的肠子已经一周没有活动了。"好吧，我父亲想。便秘，没问题。上了四年的医学课程，这个不会有问题。他给病人开了泻药，但是什么都没发生。试了一种药效更强的，仍然没用。他有点着急，又尝试了做灌肠。什么都没有出来。超声波检查呈阴性，血液指标都正常，核磁共振扫描也没有查出什么。绝望之际，他带病人进了手术室，做了一个剖腹探查术——把肚子划开在里面一探究竟。什么都没有，病人的胃部一切正常。最后，他做了本应在一开始做的事情——一次彻底的访谈，在谈话里他问了病人靠什么谋生。病人答道："我是个音乐家。"终于，我父亲明白了，"啊！当然啦！"我父亲喊道。"来这里有 10 块钱，拿去给自己买点吃的吧。"

2.6 向极客们解释

现在我们知道了用户的需要，我们得把它们用一种方式记录下来，以便在后续的过程中使用。后续的步骤包括制作屏幕布局的原型（第 3 章）以及通过用户测试来完善它（第 4 章）。通常这样的过程需要迭代多次。我们也会发现这些需求会被一次又一次地重新拿出来参考。我们得用一个容易消化和使用的方式把它们记录下来。

有两种主要的形式来表达用户的需求。我们可以用一种说明性的方法，把程序需要实现的每个细节标清楚。这甚至有工作规范，比如 IEEE-830：

● 4.6）系统应该允许一个公司用信用卡来支持职位发布的费用。

  ❑ 4.6.1）系统应该接受 Visa、MasterCard，还有美国运通卡。

  ❑ 4.6.2）系统应该在职位发布到网站之前对信息卡完成收费。

  ❑ 4.6.3）系统应该给用户一个唯一的确认码。

这种理念有一些问题。首先，单单是创建和控制一套有条理的结构就要花很多时间，就像是一个流程图。同时，新内容出现时（它总会出现），它很难被添加进去。再者说，如同我们发现的，用户看到前面的几条就会说："这是我要求的，但不是我想要的。"你把东西丢进去就很难再移动了。

最大的问题在于，它的写法完全是从系统的视角来的，而不是用户的视角："系统应该做 [这个]。"我们的软件不是写给系统的，而是用户。在前言中有一个例子，雅芳公司不得不弃用一个花费了 1.25 亿美元的系统，只因为它的用户体验如此差劲，以至于它的使用者为了不碰它离开了公司。一位发言人避重就轻地说，雅芳的订单管理系统"可以按设计的那样工作，尽管在实施过程中出现了一些问题。"这就是当你为了系统工作而不是为用户时会发生的情况。

我们还能怎么做呢？从用户开始而不是从系统开始。从用户的视角来描述状况，描述参与者、他们的行动，还有获得的结果。

2.7　讲故事

讲故事是人类最早的沟通方式了。它存在于每种文化中，自古至今。就像 Joan Didion 在她的小说《白色专辑》中讲的："为了生活我们给自己讲故事。公主被困在使馆。拿着糖的男人把孩子们领到海中……我们完全被强加在不同影像构成的叙事线中间生活。"

故事这个名词在用户体验行业里经常被提到。它是一个很通用的词。和以往一样，当你用一个很通用的词来命名一件很具体的事物时，没有人知道那件事到底是什么，不是什么。（对象 就是一个典型的词。）

让我们来看看故事这个词。某个开发团队会把特定的一件事叫做一个故事，但在另一个团队那里，"不，这个不是故事。这是一个用例 [或者叫场景]。故事是另一个概念。"在这本书里，故事就是指它最普通的含义："一种叙事方式，真实或虚构，散文或诗歌，为了教育读者、逗笑读者或引起读者的兴趣。"（我自己不会写诗歌，但我得说这是件很酷的事情。你可以自己试试然后告诉我感觉如何。）

用故事的形式来解释需求可以让其他人真正地阅读和理解它们。故事更容易在大脑中停留。贯穿设计过程我们可以讨论和完善这些故事，而它们则继续实现着细节——那些在这个阶段令人费解的问题。

1. 写故事

在你的人生中故事随处可见。你刚开始学会讲话时不会说"爷爷给我讲个故事"吗？毫无疑问你听了很多故事。但你可能没有思考过它们如何能输入到设计过程中来。这种故事需要什么特别之处吗？

想想报纸记者。他们搜寻哪些信息并转化成故事？基本的问题是：Who？Where？When？What？然后，如果他们想得更深入一些，Why？我们在写用户故事的时候也要这么做。

我们整个第 1 章都在找出 Who？所以故事的开头你可以使用一个用户画像中的名字——"Bob"、"米莉阿姨"或者其他人。

下一个重要的问题是"What"？米莉阿姨想要解决的问题是什么，或者她想要进入的愉悦状态是什么？她觉得好的解决方案，或者令她感到愉悦的特征是什么？通常你可以从场景设定开始来描述问题，从一些目标设定来具体说明她想做的行为，还有她想达成的目标。如我之前所讲，重要的是从用户的视角来写，而不是系统的视角。例如：

> "米莉阿姨的坐骨神经痛又发作了，比之前还糟。她想找到一些合适的锻炼方法来伸展髋骨让它不再疼痛，或者至少减轻一些。"

我们可以添加信息来进一步描述问题和解决方案：

> "当她在沙发上休息时还好，可是站起来走到浴室那么远就疼痛难忍。"

我们可以添加一些个性描述信息，就像在用户画像中做的那样：

> "她的麻醉药用完了，而且到两天后和她的医生会面之前她都没法得到更多。"

如果在当下我们知道她想要的解决方案，我们也可以写下来：

> "米莉阿姨有次看到一位瑜伽教师演示了一种据说可以帮助减轻髋骨疼痛的锻炼方法。那时候没想那么多，但现在她什么办法都想试一试了。"

对于米莉阿姨正在经历的，还有她想要去做的，你已经有了很好的认识，不是吗？你同情她，想要去帮助她。很短，但是是一个很好的故事开头了。

记住，我们的故事并没有提及任何实施方面。我们绝不会去说："数据表应该被命名为 Customers 还有 Products。"更别提 iFrames 和 Divs。当然也没有什么 HTTP 和 HTTPS 的对比。

2. 访谈和故事的示例

假设你在为公共图书馆的网站做用户体验方面的工作，来提升日益流行的电子书的借阅体验。假设有一个调查显示 80% 的电子书客户都在使用亚马逊的 Kindle 文件格式。不论他们真的拥有 Kindle 阅读器，还是在其他设备上使用 Kindle app。

现在你可以开始和真实用户对话了。可能你正在图书阅览室里面等待着，让图书管理员引导任何感兴趣的顾客来和你聊聊。

> 你：跟我讲讲用 Kindle 来阅读图书馆里面的书感觉如何。["What"，最普通的]
>
> Bob：嗯，我挺喜欢的。这意味着我不来图书馆就可以看到这些书了。

你：听起来很有趣。对于在 Kindle 上阅读图书馆书籍你最喜欢的是什么？［"What"，更提炼了一点］

Bob：我经常旅行。在出差或度假时我尤其喜欢我的 Kindle。在出发前我可以把书下载好，然后在机场、飞机上或者酒店里就可以读了。过去我不得不在包里装上所有的书，现在它们都在我的 Kindle 里面了。如果我外出时间太久没时间读完还可以重新借阅下载，但通常不会这样。

你：酷，再跟我讲讲。［邀请进行更深入的讨论"What"和"Why"］

Bob：我是个小气鬼，而现在的书都很贵，所以我更多时候都是在图书馆借书而不是买书。图书馆一般都是精装书，那个放在包里太重也太占地方了。我还担心把它丢在酒店了，省下来的钱就都没了。只要 Kindle 在手，一切都跟着我走。那个叫杰夫·贝索斯的家伙厉害了。我好奇《纽约时报》关于亚马逊残酷文化的文章是不是让他感到头疼。也许他会用自己的《华盛顿邮报》来反击吧。

你：什么时候你最频繁地下载书到 Kindle 里面呢？［"When"，以及"Where"］

Bob：我一般都是周日出发。把所有东西打包实在是太麻烦了，完全不会有去书店或者图书馆的时间。而且他们那儿的精装书也太重了，不是吗？［重复提及了很好。别转眼睛，点头同情就好］我总是匆匆忙忙地准备着。

你（猜测）：所以你在家打包行李，也会在家给 Kindle 下载好书籍，对吗？［"When"以及"Where"，再次确认］

Bob：没错，图书馆的网站在台式机上比在手机上好用。这是个非盈利组织——我猜他们没有经费来支持可用性的研究——所以在手机和平板上真的很难用。另外在出行的时候互联网连接也不靠谱。我倾向于出发前就都下载好，能这样就这样。

你：你最喜欢读哪类书？［"What"以及"Why"，让他继续说下去］

Bob：［他说的是什么并不重要］

你：电子图书馆里这类书多吗？

Bob：实际上并不多。电子书库在过去几年里是新事物，刚刚开始扩充，未来会更多的。图书馆总监说他们现在新书预算的一半都花在电子书上面了。实际上买断图书馆借书权是很贵的。

　　你：找到你想读的书难吗？［"What"和"When"，可能会有新故事］

　　Bob：你可以在书库里预订，等它加入了会自动在 Kindle 里显示。有时候要等好一阵子。我很讨厌不得不反复浏览，然后发现这些书都不存在。尤其是我准备出门时更让人心烦。

　　你：所以你是想要把选择限定到当前可借的范围内，对吧？［"What"和"Why"］

　　Bob：是啊，那样会很棒。哦，还有一件事。真实建筑里的图书管理员有一柜子的书可以看，而不必花很长时间去等那些流行的书。如果我一打开网站就能有一些书出现在眼前而不是非得花很多时间去选择就好了。直接丢一些过来就好。

　　你：所以你想要根据你借过的书给出自动推荐，对吧？［"What"和"Why"］

　　Bob：没错，就是这个。

认真地思考了 Bob 的回答之后，你就可以写出下面的故事：

Bob 的工作需要经常出差。这是一个周日的下午，Bob 正在为另一次出差打包行李。他在旅途中很多地方读书，在机场、在飞机上、在酒店，还有在餐馆独自吃饭的时候。在出行时，他喜欢把书放在他的 Kindle 里，因为更轻巧也更方便。他喜欢从公共图书馆获得想要的 Kindle 电子书，因为这样很省钱。作为出行打包的一部分，他习惯登录到图书馆网站看看有什么书可以借。很多都借出了，于是他勾选了"只显示可借书籍"。显示更新了，有一两本引起了他的注意，他选中了它们。然后他想看看新鲜的，于是点击了"显示推荐"。一个列表出现了，基于某个我们决定的标准。他浏览一番把一次能借的最多名额都选全了。最后把 Kindle 丢进包里出差去了。

　　这个最初撰写的故事版本通常只是一个起点。在你经历原型开发（第 3 章）和可用性测试（第 4 章）之后，你可能对用户和他们真正想要解决的问题有了新发现。测试会完善原型。完善后的原型也完善了这些故事，这不稀奇，别觉得这是一种失败。

第 3 章

绘制草图和原型图

从前 3 章一路走来，我们已经大体知道了用户是谁，他们想要尝试解决什么问题，以及他们心目中的解决方案应该有什么特征。现在是时候为这个特性的用户的特定问题来创建和优化可能的解决方案了。

这是一个持续的、迭代的过程。成功的唯一方法就是失败：尽早失败、经常失败、低成本地失败。低成本、一次性的草图就可以做到。

3.1 制作原型：错误的开始方式

我见过开发者犯过最大的错误是这样的：在本该开始为解决方案工作的时候，他们就立即打开了完整的开发工具，比如 Visual Studio、Expression Blend 或者 Xamarin Studio。他们用这类工具开始搭建一个项目骨架，设定为桌面软件、网页或是移动应用。然后他们立即开始从控件库里面拖东西到界面中——这里一个按钮，那里一个复选框：你觉得怎么样，这里应该是一个下拉列表还是一组单选按钮？然后他们又开始加入逻辑代码来演示它的某个功能——点了一个按钮打开一个弹窗，或是从一个测试数据库里读取数据显示在网格里面。这之后他们就把它给旁边的程序员同事展示一番，而不是用户或他们的代表人，来获取反馈。那些同事，忙于自己的项目，总会一边点头一边说："喔，看起来很棒。"

当问到他们为什么这样做时，开发者困惑了。"这算什么问题？"他们说。"我们在开发应用啊，这就是我们要用的工具，要不你觉得该怎么样呢？"

这些开发者做的事情是搭建原型。原型是一种或多或少可以工作的产品——也许不完美，也许需要一些优化，但是它一步步就可以工作了。一架原型飞机可以真正地起飞。你测试原型来确认它是否可以和预期一样飞得足够快、足够远。如果不行，你仍有机会在批量生产、交付给客户之前修正问题。图 3.1 展示了一架美国空军的 F-35 原型机正在测试飞行中重启引擎的能力。但对于开始一个用户体验设计项目这种方式不合适。

图 3.1   这是一架正在测试飞行中重启引擎的能力的 F-35 原型机

3.2   从一张好的草图开始

软件作为媒介几乎是无限顺从的。用 Frederick Brooks 的话讲，我们在一个"几乎纯粹只有思想的世界"工作。这里有一些物理限制，比如说屏幕尺寸或是输入设备的类型。但除了这些，我们几乎可以把任何东西放进 app 里面。搞明白什么应该被开发和实际写代码一样困难。

换位思考，去了解用户会喜欢什么，找到有用并能如我们所愿买单的东西是极度困难的。我们可以猜测，可以从用户研究、访谈，还有用户画像和故事来学习。但是要知道我们猜得好不好，唯一的方式就是真正展示给他们并倾听反馈。我们接纳他们的建议，改进设计，然后再次收集反馈。这是产生一个真正能很好工作的设计的唯一方法。

我们从用户那里得到的反馈类型常常是出乎意料的。他们给了我们最初的回应，但直到它真正出现在眼前时，他们并不清楚自己知道些什么。"是的，我正在这里做这个，但现在我需要这些数据。我之前没说吗？哦，抱歉。但是我现在需要。它们在哪里？你说是另一个页面？哦，不好。给我好吗？我应该去哪儿找？也许应该把这个去掉，这对我没用。"等等。

用户在一开始没法告诉我们真正需要和想要的。他们需要让自己的想法再飘一会儿，用一个具体的例子带入进去思考。你可能还记得那首"开发前夜"的老诗：

用户咆哮着奚落道："这是我要求的，但不是我想要的！"

解决之道是尝试各种不同的想法。而为了这么做，我们要尽可能地快速和便宜。于是我们选择制作草图而不是原型。草图就是简单、快速地绘制一个概念，而没有过多的细节。想象一下艺术家仅用铅笔几笔勾勒出线条，见图 3.2。

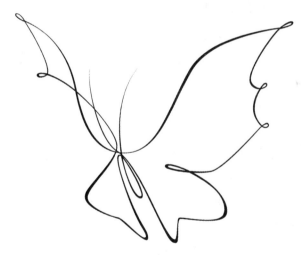

图 3.2　一张好的早期草图——几笔线条勾勒出整只蝴蝶

草图用于向用户传达一个想法，来激发他们的想象和思考过程。"你喜欢它吗？那个呢？为什么？为什么不呢？你是因为字体太小而不喜欢这个，还是这次你根本没有想过这些事情？"等等。

　　总而言之，你知道草图只是临时出现的。你并不指望在这一步有可以在开发时重用的东西。你期望用户可以毫无压力地讲："改一下这里吧。"

　　当用户实际看到草图，他们经常会说出和之前在采访时自相矛盾的话："我知道我之前想要这个，但是我现在看到它出现在这里，不大合适。还是去掉它吧，也许在另一个页面出现吧。"没必要为这个沮丧，人们就是这样的。为现在发现了它高兴吧，现在还是早期，你还有机会做点什么。

　　在这个时间点尤其不要开始写代码，因为体验设计改变了，代码也得跟着变。这要花时间，花钱，还会让你在探索新的有趣想法或是放弃已经被证明没用的东西时很不情愿。

　　想象你设置了一组单选按钮，背后还有一些原始的代码来处理它们。然后一个测试者说："我不喜欢这些单选按钮。它们太占地方了，而且这些选项的名字会让我在思考的时候分心。另外我也不需要经常变更它们。"你回复道："换成下拉框怎么样？"测试者表示同意。现在你不得不处理掉这些单选按钮和响应点击事件的代码，替换成管理下拉列表的代码。更新代码比只更新一下草图麻烦得多。而由于它花费更多，你可能更不情愿尝试这些改变，用户也就不情愿给出建议了。

　　通常，你应该让这些草图保持黑白外观。如果你加入了其他色彩，来查看草图的测试者马上会把注意力放到这些配色上而不是其他方面，"嗯，我不知道这种蓝色好不好。用一些绿色会不会好一点？"。在游戏的这个阶段，你可不想他们去纠结这种问题。这是视觉设计师的工作，是最后阶段的工作。

　　创建和优化草图直到获得一个可行方案的过程就像是一个漏斗（见图3.3）。一开始我们有很多想法涵盖了各种可能性（a）。"你觉得哪种更合适，菜单还是标签页，或者工具条？"我们把各种草图拿给用户看并获得反馈。"现在我看到了它们出现在屏幕上的样子，我觉得标签页对于我们要做的事是最合适的。"那么你就可以扔掉那些关于菜单和工具条的草图了（b）。然后我们继续为标签页这种方案添加细节，扩展更多选择（c）：两个标签页还是三个？放在屏幕顶部还是底部？我们重复之前的过程，获得反馈，筛选出通过的方案，等等。最终我们会找出一个合适去开发的方案（放在底部，有三个标签页）。

　　随着我们改进概念，我们也在加强它的保真度。最开始，我们可能用一个空的方框来代表工具条。随着我们继续前进，工具条有更多的概率被选中，我们可能会给上面加上几个按钮。最终，工具条可能包含了所有控件，还有对应的文字标签。

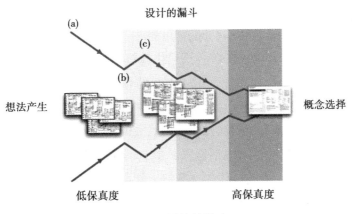

图 3.3　设计的漏斗

3.3　原型图制作工具示例：Balsamiq

现在我们来看看怎么制作这些草图，说到这你可能慌了。画草图？那不是那些艺术生在打工间隙时做的事儿吗？画一张小巷中的鸽子图，然后等着哪一天有人发现了他们的天赋。"我是个极客，我用电脑做所有事，"你对自己说。"我真的要拿起绘图板和铅笔，还有——我的天——橡皮？"

当然不是了。有很多不错的软件可以用来绘制设计页面布局的草图。它们只是不会被纳入主力开发工具包里面去。你需要的草图工具包应该非常非常简单，非常非常快，并且非常非常便宜。你想要这些草图一次性地制作并且一次性地展示，所以评论者可以随意地提供修改建议。你不会想让它们诱惑你去过早地写代码。

这些草图绘制工具可以用来制作低保真的屏幕布局示意图。截至目前我们都在用草图这个词，尽管你看到我们并不是真的使用纸和铅笔。有时候你会听到人们把这种低保真的表现方式也称作线框图。这个词在早期也有它的特殊含义，就是用一种 3D 的模型来变现一个物件的轮廓，而不必计算和渲染它的表面。为了避免含义混淆，这本书从此以后都用 原型图 这个词来代表用软件工具制作的低保真的设计布局示意图。

一个很有用的原型图工具叫 Balsamiq Mockups (www.balsamiq.com)。它的单用户桌面版定价 89 美元。它的竞争对手包括 MockFlow 和 Axure。用 Balsamiq 制作原型图就好像用微软的 Word 来写文档一样——快速，便宜，有基本的功能。它不会提供太深入的功能，比如微软 Word 里面的公式编辑器。对于目前的体验设计阶段来讲，简单就是一种特性，而不是一个 bug。

用 Balsamiq，你会发现为你的各种用户体验想法制作一个快速原型图太简单了。你也会发现还可以复制一个原型图，做一点小的修改，就可以快速地去测试各种不同的想法了。花这么多时间描述，不如让我们来看一个例子吧。

你可能还记得一家美国移动运营商 Nextel，2005 年被 Sprint 收购。和其他运营商一样，Nextel 提供标准的移动电话服务，但它的主要吸引力是提供了一种独特的"短语音"特性。用户在手机上按住一个按钮，就可以对着话筒讲话了，就像是用对讲机一样。然后语音会自动送达到用户预设的某个 Nextel 号码或一组号码那里。接收者会收到一个铃音提醒，然后播放发来的语音，根本不用去碰手机。发完语音松开按钮即可，对方也可以按下按钮来用语音回应。

这种通信模式在某些细分场景里非常流行。对于那些需要频繁交流并且总是在移动中的人群，这几乎成了一种文化现象——比如一个车队的领队，或是一场酒席的总管等。

对于法医也一样。Shiya Ribowsky 是纽约法医局的一名调查员。在他的书《死亡中心》中，他写到了他和同事在 9·11 事件中的行动，"每个人都配备了 Nextel 的手机或者双向对讲机……在办公室里，我们从手机或广播中哭着讲述目睹人们从燃烧的大楼中跳下。"

你再也买不到这种手机了。但很多用户还钟情于它。假设我们想要在当今的智能手机环境中重塑它，就像是《侏罗纪公园》里面的恐龙，那么关键就是把用户体验做好。这里有一些 mini 用户画像和 mini 故事供我们开始设计：

帮我建房子的木匠们非常喜欢 Nextel 对讲手机。我花了很多时间观察他们如何使用这个手机，还和他们讨论了一番。对于 Sprint 放弃这个产品他们非常生气。

想象一下包工头 Todd 和他的小弟 Pete、Jimmy 还有 Bob。他们都是很有技能的工匠，也是大忙人。有时候他们在一个工地工作，有时候分散在不同的工地。有时候 Todd 不得不回到办公室处理一些文件，或是拜访潜在客户招揽新生意。这些家伙每天都要互相联系几十次，比如：

Pete（按下按钮对所有人讲）：哥们，我在工具店呢。那种钉子你们需要几盒？［松开按钮］

　　　　Bob（听到铃声，听到了 Pete 问的话，按下了按钮）：给我带 3 盒，OK？［松开按钮］

　　　　Jimmy（听到了 Pete 和 Bob 讲的话，按下按钮）：我下周会用几盒，所以能帮我带上吗？［松开按钮］

　　　　Todd（听到了所有对话，按下按钮）：那家商店买 10 盒会给打折，就先买 10 盒吧。反正我们很快要用的。［松开按钮］

　　如果 Sprint 不再销售对讲手机了，为什么不去用 Skype 或者手机本身打一个多人电话呢？部分原因是前者更简单。按下一个专用按钮，比找到一个 app、选择一个联系人快得多。不用去点接听就可以听到发送者的声音也很省时间。当你一天用它 50 次，这就省了好多。另外一个原因是他可以直接和群组讲话。一名出租车调度员要是想说："嘿，谁在 15 号街附近呢？"直接按下按钮讲话就行了，而不用等着别人接听。每个开着手机的人也都可以直接听到它，如果不是非得回应的消息，根本不用碰手机一下。相比这种简单的对讲功能，Skype 能做更多的操作。但对于这些最简单的操作用它就不再简单了。

　　当我给开发者讲这个故事时，不出意料地听到一些号叫着的抗议声："但是 Skype 可以让你做 X！还能做 Y！这些用户怎么不知道用它们呢？我们应该去教育一下他们。"错了，我的极客朋友们。你的用户可不是你。这些用户宁可要大多数情况下超简单的操作，也不要极少数情况下精妙的特性。你要是想从他们那里赚钱，就得乖乖给他们想要的。

　　"他们说如果你喜欢我们的手机，可以留着它，"Todd 抱怨道，"不，等一下，为什么他们一定要把我们的心头好弄没呢？"

　　喜欢也罢不喜欢也罢，现在是智能手机的时代了。有一些 app，比如 Voxer，号称可以在新平台上提供过去那种功能，但是用过的人都知道它们不行，跟过去的没法比。对于大部分现代的 app，它们总是堆满了新特性，却丢掉了过去那种简洁。假如我们想要提供一个简单纯粹的对讲 app 来让 Todd 和他的伙计们开心一下呢？让我们画出它大概的样子，拿给用户看看，听听他们怎么讲。

　　要知道我们现在只从用户的视角来画出用户体验。我们不是在讲如何设计底层通信功能，也不在乎为了按用户想要的方式工作让通信工程师多头疼，要进入哪种五维空间里去受折磨。如果工程师抱怨了（如果他们看到了 app 的用户体验多么简洁，而不是那种他们更喜欢的充满各种特性的样子，很可能会抱怨），你可以用经典的语句回击："什么？你意思是说你不够聪明？"

我们可以用 Visual Studio 或是 Expression Blend 来搭建一些布局。但是学习和使用这些强大的工具比起用 Balsamiq 要花多得多的时间。完成度很高的控件会让用户不大愿意提供修改意见，而且它们还会鼓励我们自己立即动手用代码实现它。那么我们就用 Balsamiq 来制作原型图吧。

我们打开桌面版的 Balsamiq，见图 3.4。左边是所有我们创建过的原型图。现在我们只有一个，叫做 "New Mockup 1"，右边有一个可以添加笔记的地方，中间就是我们的工作区了。顶部你可以看到一个工具条，里面有各式各样元件的轮廓，我们把这些元件拖放到工作区中。

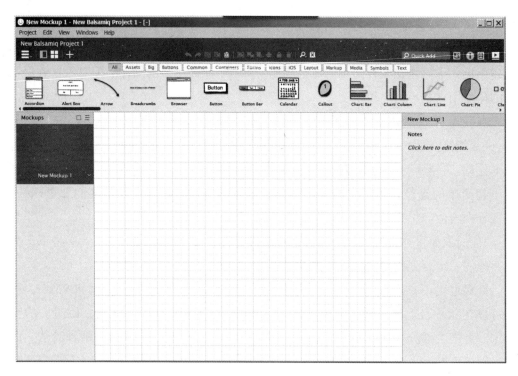

图 3.4　空白的 Balsamiq 项目，初始化的原型图

我们的 app 是给智能手机用的，所以可以先从一个手机形状的框架开始。在工具条里面找一下，有一个代表着 iPhone。我们还没想过这个 app 的目标设备是 Android 还是 iPhone，或者会考虑 Windows phone，但在这一阶段并不重要。我

们在设计漏斗最宽的一端，所以单击 iPhone 的符号把它拖到工作区里，结果见图 3.5。

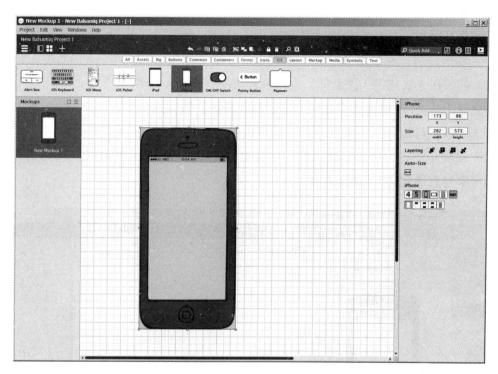

图 3.5　有了一个 iPhone 轮廓的 Balsamiq 项目

注意 Balsamiq 故意把边框渲染显示成草图的样子。比如，手机的 home 键上的方形不是正方形，圆圈也不够圆。这种低保真粗糙感让你的潜意识里觉得这是一个成本很低、一次性的原型图。你不可能发布这种临时外观的产品。它是（看起来也是）一个纯粹的原型图。在右侧，你可以看到在一个窗口里有这个 iPhone 的一些可编辑参数。你可以选择 iPhone 4 或者 iPhone 5，平放还是竖放。不同 iPhone 的版本影响不大，现在就忽略它吧。

在通话时，手机几乎总是竖着拿的，我们就这样设置。再说一次，想想图 3.3 的漏斗图，现在先不要在这些细节上花时间。

这个手机的位置和尺寸是基于屏幕像素显示的。一部 iPhone 6 的实际分辨率是 1136×640 像素，大约是 Balsamiq 软件中显示的两倍。手机上的像素，尤其是 iPhone，密度通常比 PC 更大。缺乏保真度在这里不是问题。我们也没打算在这里一个一个像素地对齐。我们想要做出很多种布局来，又快又便宜，然后才能决定哪一个值得在后面花更多时间去开发。可以放大（Ctrl+）来拉近看，或者缩小（Ctrl l–）来拓宽视野。

那么从哪里开始呢？什么才是最简化的设计？好吧，这个 app 是关于频繁地给几个人发语音的，总是那几个人，那就从最开始来优化它吧。在 app 的首屏上放一个大大的按钮来快速进入怎么样？也许给上面加上联系人姓名？

让我们从 UI 库里面选中按钮，拖放到屏幕里。做完这一步，按钮的编辑模式就打开了，我们可以输入想要的字符，这里我们用我们想要联系的那个同事"Bob"。右边现在展示了各种文本属性。默认是居中，正好是我们现在想要的。按钮的大小会随着字号自动变化（见图 3.6）。

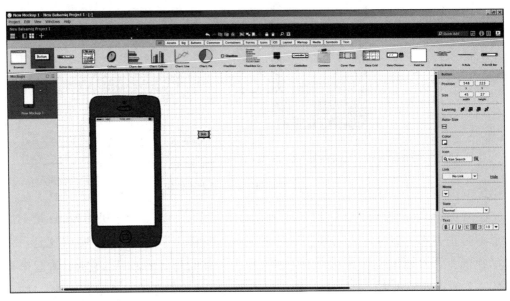

图 3.6　有一个 iPhone 轮廓和一个按钮的 Balsamiq 项目

现在我们试试把按钮的尺寸和位置放正确。记住，我们谈论的是快速进入一个群组。我们不想花时间从一个长长的列表里选择。木工用双手工作，通常手指比较粗，按得没那么准。所以按钮更大一些，比如两列布局，一列三个或四个按钮？让我们拖动 Bob 按钮，缩放到差不多屏幕一半宽度。高度也调整一下，直到我们感觉不错为止。字号可能显小了，那就用属性窗口来调整一下。24 磅看起来不错（见图 3.7）。

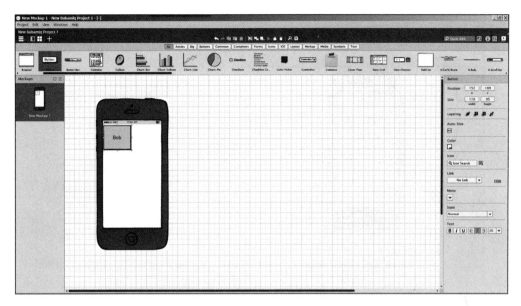

图 3.7　一个按钮摆放在了 iPhone 轮廓里面

现在 iPhone 布局里面有了一个按钮，我们还需要更多。为了让它们和第一个尺寸一致，我们点击第一个按钮选中它，然后按 Ctrl-C、Ctrl-V。重复 Ctrl-V 两次，总共获得 4 个按钮。把 4 个按钮摆放成方形，然后双击每个按钮将它们从"Bob"改名成"Pete""Jimmy"，还有"Everyone"。哎呀，"Everyone"这个词似乎用 24 磅字不大合适。怎么办呢？改下字号还是强制换行成两行？改成"All"？我们可以试试其中一种。如果对结果不喜欢，就试试另外一个。总而言之，我们不去深究它。现在我们有了图 3.8 中展示的内容。触发区域很大，按钮名字也是。按钮容易被看到，也容易点，很难出错。简单，就像一个对讲机本该做到的。

现在我们有了原型图，可以给潜在用户看看了。让我们试试另外的一种布局，看看他们更喜欢哪种。假设我们想尝试一下把联系人照片放在按钮上，而不只是一个名字。在很多手机上这是个常见的特性。另一方面，这些顾客期待这个 app 的原因就在于回到那种旧的简单的感觉。哪种会更受待见呢，带照片还是只有名字？我不知道。我猜你也不能确定。实际上，没见到实物之前，就算用户告诉我他喜欢哪一种我都不相信。幸运的是，我们可以很快地做出原型图，拿给他们看看。

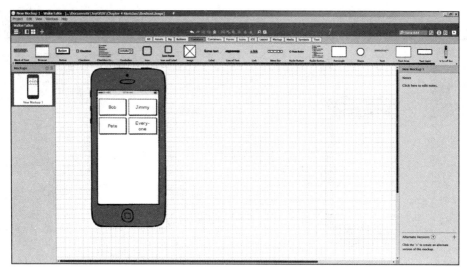

图 3.8   显示了 iPhone 的轮廓以及多个按钮的 Balsamiq 项目

如果我们在左侧的文件列表里面右键点击一个原型图，将会看到一个情景菜单，可以选择重命名或是复制。我们点复制，然后会得到当前这个原型图的副本（见图 3.9）。你可能会弄很多这种副本出来，因为这太简单了。创建副本的时候，我们最好给它重新命名，用一个描述性的名字是个好主意，不过在文件列表里显示字数有限，所以尽量用开头的一两个词把特点表现出来。我们把现在这个副本叫做"照片按钮"好了（这个时候，我们把之前的第一个原型图名字也更新一下，比如可以叫"纯文本按钮"）。

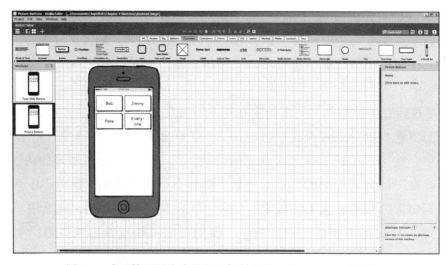

图 3.9   为了使用图片式按钮而复制出的一个 Balsamiq 效果图

现在我们来把照片放到按钮上来。怎么做到呢？Balsamiq 的控件库里面并没有图片按钮之类的东西。我们可以尝试把图片粘贴到一个矩形按钮上，但是 Balsamiq 并不允许我们改变文字的垂直位置。我们可以拖一个矩形元件到按钮上，然后加上姓名和照片。但是这样比较复杂，我们不得不持续地改变位置，缩放各种元素，尤其是当我们持续尝试更新想法的时候。

幸运的是，我们可以用群组功能来模拟一个图片按钮。它可以把多个 Balsamiq 的元件合并成一个逻辑单位。和之前一样，展示一下比描述起来更简单。我们选择一个矩形元件拖放到工作区，缩放到和之前的按钮一样的尺寸。现在来准备图片。我们可以使用图片控件，从电脑里选择任何类型的图片。但在这里可以用一个更简单的叫做 Webcam 的控件，它本身包括了一个漫画小人。我们把 Webcam 控件拖进矩形元件，调整尺寸。我们仍然需要一个名字，所以拖一个 Label 控件进来，把它放在 Webcam 下面，内容修改成"Jimmy"。

现在所有元件放在这里了，我们需要把它们绑在一起整体控制——拖放、位移、调整尺寸等，这非常简单。我们先要把它们都选中——矩形框、文本，还有 Webcam 控件，在 Windows 里面，按住 Ctrl 键，分别点击它们即可。当它们都选中之后，单击工具条里面的群组按钮，如图 3.10 所示。

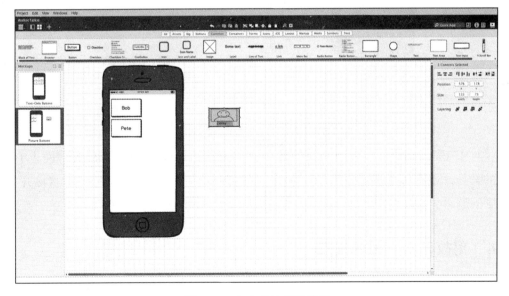

图 3.10　自定义按钮被编组

现在，全部三个元件被绑定成为一个群组。我们点击一次就可以选中整个群组，按我们的意愿去拖动摆放或是整体缩放。我们还可以复制、粘贴整个群组到新的设计稿里面，跟之前对按钮的操作一样——Ctrl-C、Ctrl-V 三次。和之前一样，我们把四个群组分别摆放到合适的位置。

等一下。人名怎么办？我们不会想让 4 个按钮都叫"Jimmy"吧？（除非我们真的喜欢 Jimmy。）不用打散群组就可以编辑其中的组件。我们双击这个群组，就会进入内容编辑模式。如果我们再双击其中的 Label 控件，会打开文字编辑器，这样就可以修改标签内容了（见图 3.11）。

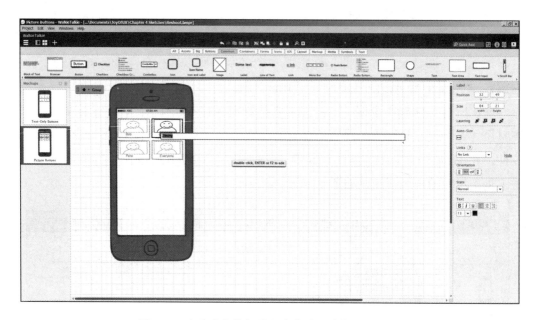

图 3.11   在自定义按钮编组中修改文字标签的内容

对于 Balsamiq 中与布局相关的部分我们就聊这么多。Balsamiq 的官网上有完整的教程，还有每个组件的练习。然而，不要花太多时间在教程上面——直接开始，遇到问题再去查文档吧。

3.4   用故事板来说明交互

每张静态的原型图用来说明某个时间点的用户体验。但是为了有效地表达用户持续进行的操作，我们经常需要按顺序显示一系列的页面。我们通过把多个原型图排列在一起来实现，这也被称为故事板。让我们看看故事板是如何帮我们在设计这款仿旧式对讲手机的 app 时找到并修正一个严重问题的。

比起其他的，我们发现 Nextel 手机用户最喜欢它的一点就是那种极度的简单。Todd 拿出他的手机，按下一个按钮，说："Pete ？"Pete 将会听到 Todd 的声音，拿出自己的，按下一个按钮，说："喂，怎么啦，Todd ？"不用滑动解锁，不用滚动页面，不用一通点击，什么都不用，按下按钮就可以联系上对方。

目前为止，我们都认为这个对讲 app 和所有普通的手机 app 一样。我们需要从手机的桌面图标来启动它。我们从未质疑过这一点。但当我们把连续的操作制作成故事板并展示给那些怀旧的 Nextel 用户时，我们会发现 他们对此无动于衷。请看图 3.12 显示的故事板。

> **说明**
>
> 我在 Word 里面制作了这个故事板。把文档方向设为横向，插入一个两行六列的表格。分别复制每一张 Balsamiq 中的原型图（通过项目→导出→原型图到剪贴板来实现），粘贴到下面一行的格子里面。

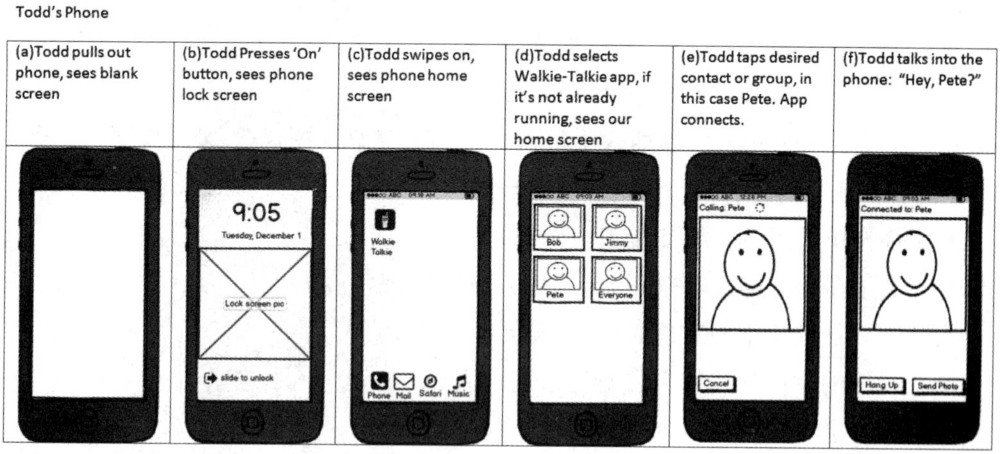

图 3.12　故事板展示了一组交互的顺序

就像在漫画中一样，每一格展示了一系列动作中的一幅原型图。顶上的标题解释了用户这一步在做的事情。我们用的是一个最简单的故事——Todd 想要和 Pete 通话。他拿出手机，看到屏幕是黑屏的（a）；接着按下了解锁键，现在看到了手机的锁屏界面（b）；Todd 滑屏解锁进入了手机主屏（c）；现在他要找到我们的对讲 app 了，如果它不是正在运行的话（d）；这里他看到了我们 app 的主屏上列出几个联系人（e）；他点击了"Pete"，然后进入了连接界面。到现在，他终于可以开始讲话了。

现在我们列出了故事板，会发现比起之前被用户怀念的 Nextel 设备，在一个典型的智能手机里面启动这个 app 需要被迫做很多额外的事情。智能手机比起 Nextel 手机有能力做更多的事情——播放音乐、拍照等。但是恰恰因为广泛的功能，想要完成某一项任务，就得先去告诉手机哪一个功能是我们现在想要的。想要跟 Pete 讲话，就至少得经历这三件事情：按下解锁键来启动手机，滑动解锁，然后点击想要通话的联系人。而如果锁屏前用的不是我们的对讲 app，还得做额外的点击才能进入它——至少两步（单击 home 键，然后点击我们的 app），要是我们的 app 没有放在首屏里，还要有更多步。用户的负担从点一个按钮变成了至少三步，也可能是五步或者更多。这可不会让用户开心。

Nextel 手机有一个专门的按钮来做这件事情。想和 Pete 通话点一下就行了。如果我们真心想优化我们的对讲 app，就必须想办法和一个硬件按钮之类的东西连接起来。然而，即便最现代的智能手机，也没有提供独立的按钮让我们分配它来做这件事情。怎么办呢？

我们可以购买一个单独的附加按钮来搞定。比如说，Pressy（www.pressybutton.com）为 Android 开发了一个。它可以插入手机的耳机接口（见图 3.13），点击时触发一个指令。Pressy 还能识别出你按下的频率，比如单击一下对所有人讲话，双击重播，三连击来打开 app 界面选择联系人。这个附加按钮很便宜，只要 15 美元一个。当你插着耳机的时候没法用它，不过这些工人们工作的时候不会戴着耳机。现在，故事看起来就像图 3.14 这样了。

Pressy 并不是唯一的选择。Cliq 智能手机壳有 3 个自定义按钮，通过 NFC 芯片来和手机通信。你可以给每个按钮独立设定功能。不幸的是，Cliq 只能在手机点亮的时候才能用。还有一个选

图 3.13   Pressy 插件式按钮

择是 QuickClick——一个使用手机音量键来触发操作的应用。你会偏向哪一个呢？

Todd's Phone

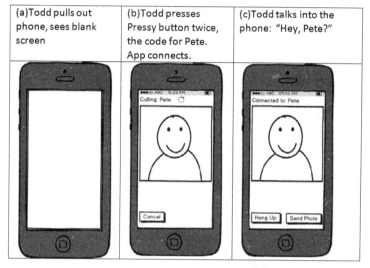

图 3.14　用硬件按钮来启动对讲 app 的故事板

我们通过原型图和故事板，发现了一个主要的绊脚石，就是我们的智能手机 app 需要从主屏上启动，这将会丢失掉对讲机最基础的优势——非常快速地和常用联系人通话。因此我们发现了对硬件按钮的需求。但是好像没有人给 iPhone 做一个这样的插件出来，至少我写下这些文字的时候还没有。我们要支持硬件按钮的决定很快就变成了是否只支持 Android 还是同时要支持 iPhone 的决定。我猜大部分做这些繁重体力活的人们都更适合用 Android。我们可以选择一个抗摔的机器，或是更便宜的机器，坏了就换一个。但是和之前一样，用户会给我们答案，只要我们搞清楚该怎么提问。

和之前一样，这个例子的关键不在于它是完美的方案（它并不是）。关键在于通过这种粗糙的版本我们已经传递了如此丰富的信息。我们可以轻松地把它们拿给用户或是他们的代表来看。你更喜欢哪一个方案呢？他们将很快理解每一个版本，然后选择也就很清晰了。我们不是在抛光加农炮弹。

3.5　用实际操作来演示

通过漫画书风格的故事板传递了非常丰富的信息。但是想一下，我们想要故事板的演示更令人印象深刻。Balsamiq 提供了一个全屏演示模式让我们可以演示实际操作。

Balsamiq 给绝大多数的空间都提供了一个叫做链接的属性。在演示模式中，你可以通过它来控制当点击控件时跳转到哪一个原型图。

我们来试试看。图 3.15 展示了我们需要做的。在图片按钮那个原型图上，我们选中 Pete 的按钮群组。群组的属性会显示在右侧边栏里。

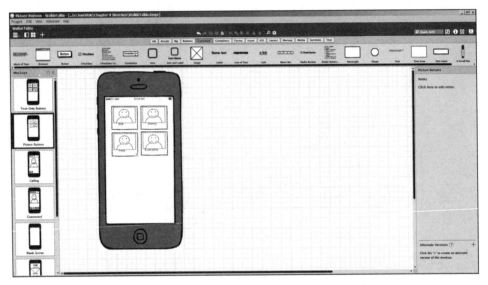

图 3.15　为全屏演示模式设置链接

点击链接属性，我们会看到一个原型图页面列表。选择一个我们期望点击"Pete"后跳转到的页面。在这里，我们选择"拨打中"页面。

现在我们点击 F5 键就可以运行全屏演示模式了。它看起来如图 3.16 所示。原型图全屏展示，Pete 按钮是粉红色的，用以标识它是一个可点击元素。当我们把光标移动到这个按钮上时，它会变成一个手形，并显示出将要跳转的页面名称。（如果不喜欢粉红的链接提示，或者手形指针，可以在右上角的设置里面关闭。）

现在让我们继续，在其他我们在意的地方尽可能多地添加上链接。我们可以在取消按钮上加上链接跳回到图片按钮页面，在"已接通"页面上也加上一样的交互。为了表达从"连接中"页面到"已接通"页面之间的过渡，我们可能

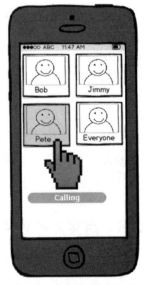

图 3.16　全屏演示模式

想要在等待几秒后自动跳转，Balsamiq 对此并不支持。作为一个极客，你可能想要试试怎么让它支持这样做，或是给 Balsamiq 官方提出这样的需求。但是考虑一下目前为止使用 Balsamiq 的交互有多简单吧。按照二八法则，Balsamiq 已经做到让每个人需要做的交互很简单。毕竟你选择 Balsamiq 而不是 Visual Studio 或者 Expression Blend 的全部原因就是简单，还有伴随而来的低成本以及快速掉头。这就是这种哲学的关键。那么接受它，别再去想那些极客的事情吧。

　　现在我们有了原型图，可以制作成故事板的形式展示给用户，它可以传达很多很多信息。但是如果我们想要真正靠谱的数据，就得实际来测试它们。这就是我们下一章的主题了。

第 4 章

让真实用户测试

不论你设计的用户体验有多好，不让用户实际测试一番你不会知道他们实际反应如何。就好像在软件开发过程中要持续地测试代码一样，你也需要不断地测试一下软件的可用性。

幸运的是，做这种测试并不是那么难或是昂贵。但是忽略它是致命的。而且越早测试越好。这一章来解释你该怎么做。

4.1 持续地测试，贯彻始终地测试

"我是世上最有智慧的人，但我也只知道一件事，就是我一无所知。"传说这句名言来自苏格拉底，但是谁知道呢？这话没错，跟用户体验打交道以来，我受到的最大的心灵冲击就是这个事实：不论我多努力，我也没法真的和用户穿同一双鞋子。通过经验的累积我会做得更好，你也一样。但现在我意识到，你我永远无法通过在脑海中想，就能确切地了解什么才是用户真正理解并享受的，以及觉得有用并（理想情况下）想要购买的。我们的用户是护士、上班族、癌症病人、汽车修理工或者中学看护员。而我们是一群电脑极客。他们的鞋子和我们的太不一样了，不能仅凭想象

来知道它合不合脚。

　　这是不是意味着无论我们怎么做都会搞砸？正相反。因为我们贵有自知之明，明白自己有太多不了解的，并知道应该去设法找出问题所在。另外明智的一点是，我们知道找出问题的唯一方法就是让实际用户来测试我们的设计方案。通过用户的测试，我们能看出自己做对了哪些，做错了哪些。然后我们通过新学习到的知识来改进我们的设计，并重复这样的流程直到接近了可以赚钱的程度。这并没有那么难。

　　看一下第 8 章和第 9 章的案例分析，或是本书官网上的额外案例。你会发现一开始我总是有了一些想法并产生了一种"用户体验本该这样"的错觉，但是一旦交给用户看过后，我就发现：（a）在我这里觉得应该合理的事情放在用户那里就不工作了；（b）用户自己有一些想法和需要是我从来没有想到过的。

　　如我们在前一章讨论过的，我们并不期望第一版的设计草图就是确定的方案。它们本就是用来激发、搅动、挑衅，让用户从脑子里挖出他们那些从来不知道自己有过的想法。去鼓励他们说出："不，（这样）不对。不过你既然提出了，（那样）来一下怎么样？"我们会发现，我们可以又快又好又便宜地做到这些。

> **注意**
> 这一章中你会发现有很多主意都是我从 Steve Kurg 那本关于可用性测试的书《妙手回春》中得来的。如果你觉得本章受到了他的影响，的确是这样。

4.2　为什么没有测试

　　每当我发现一个像吸尘器一样糟糕的用户体验，最后都不出所料地发现它们没有经过适当的可用性测试。有时候没有找对测试对象，有时候是做了错误的测试任务。有一次是测试的时机太晚，已经没有时间来纠正那些测试者发现的问题。但大多数时候，一个用户体验很烂是因为它从来都没有测试过。为什么会这样？

　　一开始，这似乎很荒唐。你不会未经测试就发布代码，不是吗？你不会指望用户来最后帮你调试，不是吗？那为什么你没有经过真实用户测试就发布了一套用户体验设计，还期望它适合用户呢？你不能这样做，而且如果你很明智的话也不会这样做。但这种情况总是发生，而且太多的设计师（更糟的是产品经理）都没觉得有什么问题。

　　为什么？有三个原因。

首先，太多的开发者和产品经理不愿意承认他们会犯错误。下面是一段 Jared Spool 的书《Website Usability：A Designer's Guide》中的引述：

> 最近我邀请一位设计师来一起观察用户使用她自己设计的一个商业房产网站。她婉拒了，说道："我不需要知道人们对我的设计怎么看。我设计的时候心中是有特定目的的，我相信我达成了目标。我能学到什么呢？"

> 多傲慢啊！好吧，猜猜发生了什么？用户测试发现这个网站让他们很困惑，不知道怎么导航，搜索也很难用，因此这不是他们愿意使用的产品。我猜如果她的目的是让人们去用其他更好的网站，那她的目标达成了。

那位设计师不知道她有很多不知道的事情。这是极其愚蠢的。但你，亲爱的读者，已经读了这么多，应该懂得了你的用户并不是你。你明白自己怎么想压根不重要，用户怎么想才是关键。而且现在你至少应该树立了一个观念，那就是只有通过用户本人才能了解他们的想法，不论是实验室测试（本章）还是远程测试（下一章）。那么这种因为对于无知的不自知而产生的傲慢，不会在我们身上发生，对吧？

用户体验没有经过测试的第二个原因是人们把它当做一件昂贵和困难的事情。很多开发者和经理认为你要有一间完善的用户体验设计实验室，配备单向可见的玻璃，还有各种专用设备（见图 4.1）。"那个太贵了，"他们说，"我们负担不起，超出我们的能力范围了，而且我们也没时间啊。所以就没有测试了。"

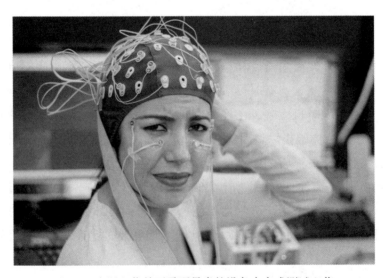

图 4.1　实际上你并不需要昂贵的设备来完成测试工作

在 10 年前这种感觉也许是对的，但今天已经不一样了。各种技术装备价格的持续下降以及无处不在的互联网意味着我们不再需要一间装备齐全的实验室了。二八定律不仅在这里适用，对你生活中的大部分事情也都一样。你只需付出 20% 的成本，就能收获用户体验测试 80% 的价值，不过是用一下电脑和 Skype。如果你这些都没有，或是不想用它们，那我也帮不了你了。

但用户体验测试最大的阻碍在于一些基本理念的误解，它被认为是用户体验流程中单独的一步，而没有被当做整个流程中贯彻始终的一部分。另外，"测试"这个词似乎会让人觉得应该接近于开发流程的最后期（和最终的代码测试一样），而实际上恰恰相反。

拿写书的过程来和用户体验设计做个比较吧。一开始你只是在信封的背面草草记下了几个想法。然后就拿给周围一些熟悉的人看并改进它们——"嘿，你觉得（这个）怎么样？"根据他们的评论，你添加了一点，删除了一些，可能还移动了一些位置，最后形成一份提纲，你拿着它再次寻求反馈。然后写出了一些示例片段，或是整个章节，在整个过程中一直从潜在读者那里寻找反馈。弗拉基米尔·纳博科夫（1899—1977，《洛丽塔》作者）说过："我总是重写（有时候是好几次 ）那些发表过的每一个词。我的铅笔总是比橡皮更持久。"如果他都不能一次把事情做对，你真的觉得自己行吗？

举例来说，我把《Why Software Sucks》一书的每个章节都拿给普通读者来看，比如我的理发师，以此来保证每个人都能看懂它。这是一段真实的对话：

> **我（在那本书的早期草稿中）**：大多数的应用程序员根本不知道用户想要什么。
>
> **我的理发师**：什么是应用程序员？
>
> **我**：嗯，应用程序员就是设计程序前端的人，相对于系统程序员设计后台逻辑。
>
> **我的理发师**：那是什么东西？
>
> **我**：换个说法吧，"大部分的程序员根本不知道用户想要什么"。
>
> **我的理发师**：你到底在说什么？

无意间，我用了一个不属于我的读者世界里的一个行话。应用程序员和系统程序员都属于我的日常词汇，却不是她的。而她根本没有必要为了理解这些概念而成为"电脑达人"。用她所熟知的词来写书是我的工作。重复地、迭代地在真实用户身上测试你的用户体验设计应该贯穿整个设计流程，就像编辑和重写贯穿于写一本书的过程中一样。

画草图、测试、改进草图、再次测试、再改进草图，也许做得更高保真一点，然后继续。别觉得这是一个分开的、能快速弄完 的步骤，它是整个开发流程贯穿始终要做的活动之一。

有人可能会争论第 3 章（草图）应该和第 4 章（测试）合并起来。但是在今天的开发者眼里，它们是两件不同的事情，所以在本书中分开是合理的。不过在下一版中要是它们被合并在一起了我也不会惊讶。

为客户提供咨询

有时候很难说服客户为可用性测试买单。他们看到这些会说："什么？找出和解决你们自己的问题却要我买单?! 朋友，这个绝对不行。"那也是不把测试单独列出来的原因。它只是你正常迭代用户体验设计流程中的一部分，就像编辑是写书的一部分一样。叫它"遵循最佳实践，持续审核用户体验设计质量"吧，如果这能帮你获得通过。

总而言之，记住这个问题和回答：哪种形式的用户体验测试是最好的？就像安全带或者避孕措施一样，你实际使用的最好。怎样都好过你坐在那里说："那是个好事儿，但太糟了，我们没时间了。也许下个项目吧。"

4.3   早早地开始测试

如果你试过导航，就该明白你越早地做线路纠正，需要纠正的部分就越少，对应的时间、燃油成本，还有麻烦事儿也就越少。由于某些原因，这种明显的理念却一直远离了用户体验设计的流程。用户体验测试的第二大错误（除了根本不测试）就是开始太晚。

微软喜欢说，"我们吃自己的狗粮。"意思是他们的程序在推向市场之前会先在内部使用。这样的可用性测试就太晚了，因为已经没有时间来做任何改变。开发已经完成，经费已经花掉，态度已经僵化。你应该做得更好。

但是还没完成又怎么测试用户体验呢？答案是用你在前一章中看到的低保真原

型。你从这些缺乏细节的、粗略的设计开始，获得反馈并完善它。"全部这些东西堆放在一起看起来太拥挤了，很难从里面选一个出来。""OK，咱们把它展开一些，考虑到每个元素的相对重要性，或许可以把它们放在不同的标签页下面。这里是一个快速制作的例子，现在你觉得怎么样？"等。

除了尽早地开始测试，你还应该经常测试。Krug 建议每月一次，每次都在同一个时间（比如第三个周三的上午）。这样开发者就知道测试计划，也许会做一些准备工作。并且这个期限会鼓励他们按时把对应的特性准备好。对于那种或多或少已经处于稳定状态的系统来说，比如 Beth Israel Deaconess 医疗中心的患者网站（详见第 9 章），这样的频率是合适的。然而，如果你在一个处于活跃开发的项目中，如同我的很多客户一样，有着比较紧的期限，可用性测试就应该更频繁。至少每周做一次，或者更频繁——只要你有了设计更新。这样可以避免你盲目地浪费时间。

4.4　从用户体验测试中我们能学到什么

实验室用户体验测试是我们将在第 5 章讨论的远程测试的一种补充。远程测试接触面更广，因为我们可以部署到整个程序中。它可以从大量用户那里收集数据。但是有两个关键的事情只有面对面的实验室测试能帮我们搞定。

第一，如果还没有一个可以工作的软件放在用户面前，那么我们没法实施远程测试。实验室测试最大的优势就是，哪怕只有一个画在餐巾纸背面的草图，我们也可以开测了。就像我之前说过的，越早纠正路线，越多的成本可以被省下来。关于用户会对我们的软件作何反应，用户测试会给我们呈现出最早的端倪。他们喜欢这个，不喜欢那个。如此这般，一旦他们发现了就很喜欢用，但是找到它们费了不少工夫，等等。这种早期的反馈可能是现场测试的最大优势了。

第二个优势就是我们可以了解实际用户的感受。远程测试可以告诉我们，比如说，有 80% 的用户取消了对话框 A，而 20% 的用户取消了对话框 B。但只有活生生的用户才会告诉我们他们这么做的时候在想什么。他们是误点了对话框 A 吗？他们觉得对话框 A 可以帮他们做什么呢？什么促使他们点了取消而不是 OK？

在他们使用效果图的同时，我们会让他们同时大声地讲出此刻的想法。这种意识流包含着重要的信息："我来到这里做这件事情；我在找它在哪里。这里吗？不，是其他地方。或是这里？这个看起来更合理呢。哦，也不在这里。天哪，到底放在哪里了？"等等。在测试结束时，我们还能针对他们刚才做的交互提出一些问题："在这里你看到它了吗？你觉得这是干什么的？"我们没法从其他渠道获得这些信息。再说一次，在开发流程的早期获得这样的洞察将指引着我们专注于用户真正的需求。

4.5　找到测试者

当你测试应用的可用性时，你需要让测试主题尽可能接近真实用户。人们总是觉得拿给项目组同事看看，问一下他们怎么想就行了。但是没有什么比这么做更容易把一切搞砸了。谁不是你的用户呢？你自己，还有你的同事。

测试用户的类型和你们之间的关系取决于你正在开发的产品类型。这里是一些你可能会遇到的类型：

假设你在为一家公司写内部使用的定制软件，我们把这种叫做"业务线应用"。用户会花很多时间用它，也许每天都全天使用，而且他们的业务成败依赖于软件提供的功能。想象一下，比如说，一个保险公司的客户服务人员使用的行政管理软件。你可以是一个内部软件开发团队的成员，也可以是一个来自外部咨询公司的人员。（两种我都见过很多。）

你的开发团队需要和这些用户保持良好的关系。他们正是可能在这些软件上遇到麻烦的人，他们的成功就是你的成功，他们的失败也是你的失败。他们是工作效率和舒适程度至上的。

项目一开始，你不会总和他们有某种工作关系。有时候目标用户的总监和如今的人们一样，总是加班，不允许他们在工作日花时间和你交谈，这是很短视的。有时候用户就是不相信会有好的用户体验，把垃圾硬塞进喉咙里的体验他们已经领会多次，他们没有意识到他们的参与是很有价值并且完全必要的。"等等，你们是专家。你们就不能别来烦我，去写好你们的软件吗？"回答是"不，这样一点儿也不好。"第一个版本往往会开始改变他们的主意："嘿，这次没有之前的那个那么烂。你觉得我们能不能……"而当他们发现自己提的需求被真的听进去并实现了，而且他们的日常工作也因此受益的时候，他们会成为你最坚定的同盟。

在这种情形下，有一件你应该极力避免的事情就是过度依赖那些技术性用户。"我们需要一个人来做开发团队的联络人。""哦，去找 Bob 吧，他是个电脑迷。"如果你获得了一名志愿者，很有可能是因为这个人对科技感兴趣，也想做科技相关的工作。他可能没意识到其他用户和他是不同的（或者他意识到了，但他不在乎，又或者他还觉得有一种优越感）。这些科技迷们通常并不是你的主要用户。你得非常小心别让这种技术迷的想法掩盖了大部分用户的需求。在这种情况下，也许你可以让 Bob 继续作为你的日常事务联系人。他对于回电话或是邮件可能更积极，因为他更有兴趣。但是当你要做可用性测试活动时，轮换测试用户组中的不同角色。这样每个人才会觉得自己的声音被听到了，而不是被某个特定的意识形态统治。

考虑一下另一种情况：你在为外部的商业客户开发一个系统。让我们继续前面的例子，假设我们的保险公司现在想要开发一个网页应用，让那些独立保险代理人用它来查看他们客户的保险合同。这个网页应用越易用，就有更多的独立代理人喜欢你们的公司，而不是那些有着难用系统的公司。同样，这样的程序可以是独立咨询公司做的，也可以是保险公司自己的员工做的。这个情况下你怎么处理用户代表呢？

理想情况是你可以雇佣一家保险代理商作为你的发布合作者，就像波音公司会选择一条航线作为新飞机的首发合作伙伴。你可能会把这些发布合作顾客当做是内部的用户，实际上他们比内部用户更好，因为你可不能把东西硬塞进他们的喉咙里面。你在目标顾客那里应该有一名联络人，有时候他们被称之为 product owner。你应该让用户组成员轮替地参加测试。

最终我们看一下给个人用户打造的软件吧。为了做这个测试，你要招募多名不同的用户。现在把用户找到参加测试比以往已经容易多了。不久之前，你还需要一间装备了单向可视玻璃的测试间来让你观察用户如何跟你的创作做斗争。你得说服他们来你的实验室，还要把他们带到目的地，完成后再把他们送回家。这占用了测试者太多时间，让你不得不把选择范围倾向老人或是无业者。

利用如今无处不在的互联网连接，你可以开展测试，无论用户在哪里聚集。要获得商场的购物者，你可以在商场中架设实验。为了获得老人，你可以去老年中心。要找通勤铁路的乘客，去火车站吧；找学生，去学校等。你就在他们习惯的地方开展测试。

需要多少名测试用户呢？很少。Steve Krug 说 3 个就行。Jakob Nielsen 说 5～8 个。通常我站在"3 个"的阵营这边。比起让 5 名用户进行 2 个实验，我更喜欢 3 个用户进行 3 个实验。我发现如果 3 个用户中的 3 人都觉得什么东西不错，那就是真的不错了。如果 3 个人都有一件事情搞不定，那你的 app 就真的搞砸了。如果 3 个人中有一个人觉得还 OK，那可能还是糟糕的，但是先去修正那个 0 人的问题。另一方面，一旦你自己搞不定了，就让你的主持人另外找一个地方搭建实验环境，如果你想要 5 个人来参加测试，可能也得这么做了。

总而言之，尽快开始。不要总想着找到完美的测试用户而忘记了选择足够好的用户。时间是你的敌人。

4.6 补偿测试用户

你需要为测试用户参加你的测试而提供相应的补偿。具体怎么补偿要看情况。它不需要太多，但需要立即实现。"你的礼物会在 4～6 周后送给你"可不行。

你正在为哪个行业或业务开发软件？选择跟它相关的东西是个好开始。如果你正在为一个影院测试一个购买电影票的 app，直接送几张电影票怎么样？或者是饮料零食的优惠券，这样他们马上就能用上。如果你在为一家精品食物商店测试结账 app，送一张购物卡如何？如果你在为一家健身俱乐部做测试，送一个月额外的会员吧。这些奖励的成本比起测试者花费的时间其实很小，而比起我们从其中学到的东西，这成本基本是零。如果你实在想不到更好的，那么一张 20 美元的钞票也是很好的。

如果你在公司内部测试，那么现金或礼物可能并不合适，请志愿者们一起吃个午饭是个不错的选择。如果你在非营利机构或是学校里招募测试者，也许为那个机构捐一些款："如果谁愿意去 303 房间测试一下我们的新软件，我们会替每位参与者向学校捐出 50 美元。"在这一天结束时，记得在媒体和摄影师的关注下把一张支票交给校长噢。

4.7 测试区的设计和布置

理想情况下你想要测试环境能够重现用户使用软件时的环境。比如说，对于处在一个嘈杂餐厅里的调酒师，如果在一个安静的办公室做测试，获得的结果可能就不会很有效。把实验带到用户所在的地方也许能帮助你获得精确的结果。

你需要观察用户的现场反应。所以配置好 Camtasia、GoToMeeting 等软件环境，或者其他能满足你需要的产品都行。你需要去看用户在完成测试任务时实际使用的模式。比如，他们是不是会先把鼠标移到左边，然后才明白需要的控件实际在右边？诸如此类。

　　在他们使用软件时，安设一个摄像头。他们的身体语言和面部表情会传递重要的信息。那些栩栩如生的视频：一名用户遇到一个超赞的 app 高兴地跳了起来，或是面对一个难用的软件而用手托着下巴。你需要用这些东西让你们的管理人员了解到用户测试，甚至所有在用户体验工作方面的付出有怎样的价值。

　　另一方面，不难想象摄像头会让他们觉得不自在，从而影响你要收集的数据。所以一开始打开它，测试过程中如果觉得有必要关掉，那就关掉吧。

4.8　使用一名主持人

　　你需要一个团队成员来照看好测试用户——把他们带过来，安顿好，解释测试过程，在测试全程中提供帮助，并在结束的时候提问。还有，在那些技术"宅"开发者和更生活化的用户之间做一个协调人。用一个戏剧化的说法，这个人被称作"牛仔"，在当前的情境下，我们还是叫主持人吧。

　　做一名可用性测试的主持人需要很多和软件开发极客们不一样的技能。主持人需要同理心——一种关乎人性的能力，让参与测试的用户感觉放松自在。你可能很快就想到，公司里谁合适这个角色，谁不行。就说我性别歧视吧，但我发现在这件事上女性通常都比男人们做得更好。

　　主持人要迎接用户来到测试场地，并保证他们感觉很舒服。洗手间？咖啡？甜甜圈？当然。主持人把测试相关的文档材料给用户一一介绍，比如说你们的法务部门可能会要求出具一个免责声明，以防你们的软件太烂而让用户在吃甜甜圈的时候噎死了。

　　然后，主持人要向测试者解释今天的测试过程。大部分相关的书中都推荐直接读一段提前准备好的文稿，这样避免了给每名测试者的信息不一致。这本书里并没有提供一个文稿模板，但是你随便搜索一下就能找到很多。拿过来针对你的一些特定情况做些修改吧。

　　文稿需要向用户解释一点，就是这个测试不是针对他们的。他们并不会犯错。我们测试的是软件本身，了解我们在软件更易用方面做得究竟怎么样。对用户来说最重要的一件事儿就是在测试时把当时的想法大声地讲出来："登录页面在哪？哦，这里。等一下，我的密码不对？怎么可能？"等。有时候有必要提醒一下测试者："别担心伤害我们的感情，有话直说吧，因为我们需要了解用户的真实想法。另外，我们是工程师啊，反正我们本来也没什么感情。"

理想情况下，主持人坐在测试者身后，尽量让测试者忘记她的存在。但是要坐得稍微偏一些，保证还能看见屏幕。理想情况下，主持人还应该保持沉默，尽管这不是总能做到。最重要的信息都来自于用户的意识流，所以鼓励他们大声说出来是非常重要的。主持人需要经常说这样的话："你现在在想什么呢？可以给我说一下吗？谢谢，很棒，这就是我们想从你这里听到的。"

有时候用户（在做任务时）会卡住。你不希望这种情况发生，你试着去写所有人都会流畅使用的软件，但这就是会发生的。主持人应该先等等，直到用户自己说"我卡住了"或是类似的，这时主持人说，"你觉得应该怎么做呢？"，"嗯，可能是这样。"，"为什么不试试看会发生什么？"再一次，你会很快发现谁将会是一名优秀的主持人。

4.9　任务的设计和描述

如果只是让用户"试试我们的网站，告诉我你喜不喜欢它吧"，你可能得不到什么有用的信息。你必须得给他们设定目标，一个具体的任务，比如说"查询一下下周从波士顿飞塔拉哈西的航班。买一张周二早晨出发，周四下班后返程的最低价机票"。务必给用户提供任何需要的支持，比如说一组可以用的用户名密码组合，或是一张可以用来模拟支付的信用卡。

你需要用用户的心智模型来描述这些任务，而不是网站的开发实现模型。Jared Spool 描写过一次他给宜家官网 Ikea.com 做测试的经历。宜家的网站设计师让测试用户"找出一个书架"。不出意外，所有的用户都在搜索里面输入了"书架"然后很快找到了。但是当 Spool 告诉用户："你收集了 200 多本小说。找一个方式来收纳它们吧。"不同用户的行为很不一样。它们四处浏览着网站而不是用搜索框，而当他们搜索的时候，用的关键字是架子而不是书架。

显然，对于不同的网站任务和准备工作都是不尽相同的。你需要专注于那些真正想要去测量的点。让我们看一下流行的音乐网站 Pandora.com，如图 4.2 所示。对每个网站来说最大的挑战就是在一两秒之内向访客解释自己，让用户在讲"什么玩意儿，太麻烦了"并关闭页面之前愿意去继续探索一番。想象一下用户们并不知道

Pandora 这个网站是干什么的。吸引住新用户的关键不是让他们思考（"点击这里创建账号"），而是开始迎合他们。在本例中，就是播放他们喜爱的音乐。主持人可能只是简单地说，"播放点音乐吧"或是"播放点你喜欢的音乐。"用户则很快发现他们也只有一件事可以做。这种非常简单的入口设计也是 Pandora 获得成功的奥秘之一。

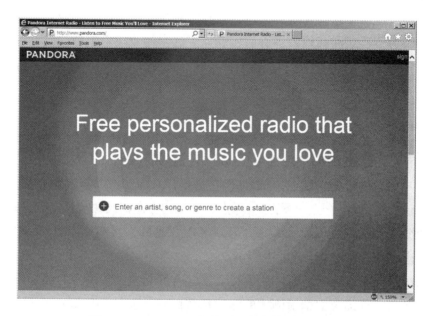

图 4.2　Pandora.com 初始页。很容易被用户理解

4.10　观察与盘问

你肯定想要负责软件可用性的同事们来观看现场测试。他们将会看到用户做出他们从没想到过的举动。这些会促使他们想要对用户提问。而比起远程的用户数据监控，这种当面测试的主要优势就在于你可以趁着测试者还有印象时对他们提问。

邀请一些不了解用户体验的开发者们来观看也是个好主意，至少让他们对于每天为之工作的，需要去满足的用户们有了一些理解。你可能必须获取管理人员的支持，来让开发者们从他们的任务里跳出一下来观看可用性测试。轮流安排日程，这样每个人每一两个月都有机会来参与，负担也是比较平衡的。磨刀不误砍柴工，如果他们不大情愿，试试用食物贿赂一下。

让他们现场观看真实用户的交互很重要，而不是只在事后复盘。Alan Cooper 在他的书《 About Face 》中写到，"（可用性专家）把程序员们拽进暗房，在那里通过一面单向的玻璃观看不幸的用户正在和他们的软件斗智斗勇。一开始，程序员们怀疑是不是测试任务太烧脑。最后，经过多次痛苦的观察，程序员们终于向现实低头了。他们承认用户界面的设计还需要做很多工作，并发誓要修好它们。"。

今天你甚至连单向的玻璃都不再需要。那就别再为不做测试找借口了。

有时候用户很愿意和开发者见面，更多的时候并不想。开发者有点像是外科医生，都是因为不喜欢和其他人多讲话才选择了这个专业技术工种。但有时候这种来来回回的交互是很有用的，特别是在主持人的（双向的）安慰鼓励之下。例如：

> **主持人**：你看到 [这个按钮] 了吗？
>
> **用户**：是的。

开发者肯定想要大叫，"那你为什么不去点它呢？"主持人需要把这转化成一种不会对用户冒犯的说法，比如，"你觉得它是干什么用的？"，或者更好的说法，"它对你说了什么？"然后补充一下："实际上这个按钮会激活结账流程。点它来继续吧。（用户照做了）我们这里解释得不够清楚，对吧？（是的，当然不清楚）你觉得我们在这里怎么讲会让你理解地更清楚呢？"等。

在测试结束时，你的项目团队成员会感觉有些受挫。趁这种的感觉还在把他们叫过来很重要。你需要立即对刚才的测试环节做一个复盘，避免他们开始辩解或者找借口："好吧，这些用户你肯定是从精神病院找来的。让我先给他们做个培训。"不，我们要修正我们的用户体验设计错误。

你需要去识别这种失败的本质。再强调一次，这是你设计的失败，不是用户的。比如"月票的链接被放在了另外一边，用户们不会注意到它，何况它被写成了'持续（perpetual）'，而不是'续订（renewal）'，没有一个用户能理解。"

你需要把每个识别出的问题分配给一个特定的负责人。这个人需要去做调研并在一天之内给出一个解决方案的建议。

4.11　用户测试示例

为了给本章提供一个真实的可用性测试的演示，我们来用 Balsamiq 为 Live365.com 推出的电脑播放器（见图 4.3）做一个原型。从 1999 年起步，Live365 是互联网上最早的广播电台之一。和大部分知名的互联网先锋一样（有人记得 pets.com 吗？），Live365 在今天有点儿跟不上时代了，但它还在勇敢地 挣扎着。实际上，就在 2016 年年初，本书即将定稿之时，Live365 已经走向破产。我决定把本书中的这一节作为对这个先驱者的致敬，在它上面我可是花了无数小时来享受音乐。

我们会看到，他们的用户体验确实需要改善了。我们将要学习的课程对于 Live365 来说也许太晚了，但是它们可是会帮到你的，亲爱的读者们。

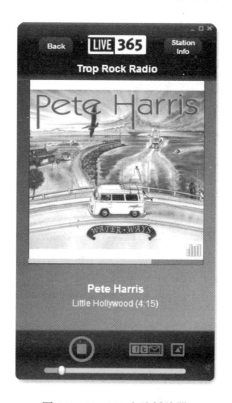

图 4.3　Live365 电脑播放器

任何想要发布一个广播节目的人都可以把内容上传到 Live365 上让全世界的人在线收听。有些电台主的爱好是做 DJ 播放自己的混音，有些是乐队成员来推广自己的音乐，有些本身是传统广播电台在同步播放他们的信号，还有些就是单纯的互联网电台。Live365 通过对电台主收取费用来赚钱，从每月 5 美元的基本套餐到 200 美元的专业套餐。

听众则是免费收听（带广告），或是每月花 5 美元成为无广告的 VIP 订阅用户。

他们可以通过浏览器或是 app 在各种设备上收听。听众有众多的频道可以选择，但是不能控制每个频道的内容。就和经典的广告电台的感觉一样。听众还可以在 app 中给电台的 DJ 打好评和差评，但就是不能跳过歌曲。如果把 Live365 当成一个不能切歌的豆瓣电台，你就能领会这种收听体验了。

那么，既然都不能切歌，为什么要选择 Live365 而不是 Pandora 或者 Songza 呢？回答是：由于 Live365 允许任何人建立一个广播频道，听众就有了大量的选择。Songza 主推他们自己策划的高质量频道。Live365 觉得你总会在大量的电台中找到自己喜欢的。我自己很喜欢 Songza 策划的频道。但是他们缺少我喜欢的沙滩音乐或是冲浪摇滚。Live365 这边则有五六个选择，不同的 DJ 还有自己独到的创意观点。所以我发现由于自己的怪脾气，所有这些网站都可能是我的选择。

我经常在工作时候收听音乐。我能在浏览器里听，不过更偏好用独立的播放器应用。Live365 肯定觉得这个播放器是个额外的福利，因为不同于手机 app，这个电脑版的播放器只有付费 VIP 用户才能享用。按今天的标准来看，这个电脑版播放器有一个体验设计的缺陷，所以我们来对它做一个用户测试吧。

测试用户从哪里来呢？和往常一样，我们需要问谁才是这个软件的目标用户。Live365 把电脑播放器作为驱使普通用户做升级的一个卖点。那我们理想的测试用户就应该是这些 Live365 普通用户了。如果这个播放器让他们更开心，或许更多人就会去升级，Live365 也就能撑下去了，对吧？

我们可以在他们收听的非 VIP 频道里面打一个广告来招募测试用户，为他们的参与提供一些回报。应该给他们哪种奖励呢？每个用户都可以试用 VIP 服务，但仅限 5 天。如果给参加可用性测试的用户提供 3 个月的 VIP 服务怎么样？我们完成了测试，也许在试用过期时他们已经对这个没有广告和注册的服务上瘾了呢。

由于我并不是 Live365 公司的人，也没有获得他们用户信息的权限，所以我就只能去找我熟知的普通用户啦，也就是我的女儿们。他们经常从各种电台收听音乐。而且你知道她们对于指出喜欢的和不喜欢的这种事情一点儿也不害羞（我好奇她们什么时候变成这样的？）。我把她们带进测试场地，一次一个，然后进行了下面的活动。想象所有纸面材料都已经宣读到位，下面是我们的对话：

主持人：你准备好了没？
测试人：当然。

主持人：好，我会给你打开 Live365 播放器。就在这。(在 Balsamiq 里面按 F5 键启动一个播放器的效果图见图 4.4，同时在后台播放音乐，用电脑喇叭播放出来，让 Balsamiq 的效果图看起来像真的在播放一样。)看它好吗？

测试人：好的。

主持人：你喜欢这首歌吗？

测试人：很喜欢。

主持人：想象一下你特别喜欢这首歌。你想要让 DJ 知道这一点，以便让他以后多放一些类似的歌曲。你会怎么做呢？

测试人：我会在播放器上面点击"喜欢"。

主持人：为什么不继续这样操作一下呢？记住我之前说过的：如果你能大声地说出你的思考过程会对我们很有帮助。

测试人：好啊。"喜欢"按钮在哪呢？我没找到。它确定有吗？嗯……(陷入沉默)。

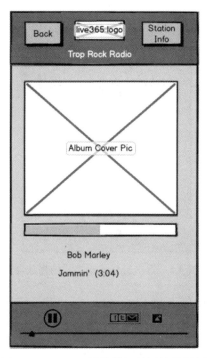

图 4.4 Live365 播放器初始屏的效果图

主持人：能告诉我你此刻在想什么吗？

测试人：好，我看了下顶上，没有；中间，没有；底下也是。喜欢按钮到底在哪呢？是那边我看到的那个小小的 facebook 图标一类的东西吗？

主持人：你觉得呢？

测试人：这看起来像是 Facebook。但是是灰色的。这是它不能用的意思吗？如果我点了会怎么样？

主持人：为什么不试试呢？

测试人：现在我在播放器上看到了 Facebook、Twitter 和 Email 的按钮（图 4.5）。这很意外啊。我以为点了会直接去 Facebook 呢，结果只是把这些选项都列了出来。我现在试试点 Facebook……（效果图中的 Facebook 页面打开了，见图 4.6）。

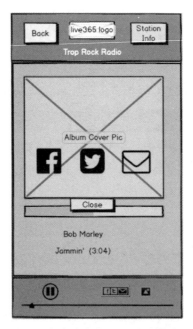

图 4.5　点击分享按钮之后的播放器

测试人：好像把我自己的 Facebook 给打开了。我并不想来 Facebook，我只想给这首歌点个赞。OK，我关闭了 Facebook。然后回到了之前的地方。我还是没有找到一个"喜欢"按钮。Songza 有这个按钮。这个东西是什么情况？

主持人：短暂地思考了一下说，"因为他们都是一群笨蛋吧。"；抑制住冲动然后特意保持着沉默。

图 4.6　用户点了 Facebook 分享之后的效果图

测试人：我看看，这里还有一些其他的小东西。一个三角的东西，不知道它是干什么的，只是知道可以点。试试吧，啊，有一点东西。（一个叫做"其他"的页面出现了，见图 4.7）喜欢按钮呢？还是没看到。有了，有一个叫做"喜欢"。为什么它用了一个对号做图标，而不是一个大拇指呢？应该是一样的东西吧。我点点看。好像已经完成了。

主持人：好，谢谢你。你已经成功地把你的喜欢发送给 DJ 了。结束前我还有几个问题。给我说一下，你觉得这种发送"喜欢""不喜欢"的方法怎么样？

测试人：完全不喜欢。首先，这个按钮应该很明显才对。我的意思是，虽然也没花我特别多时间找到它们，但是就不应该让我到处去找。它们太隐藏了。为什么这么设计？

主持人：我不知道，但我绝对同意这一条。其他方面呢？

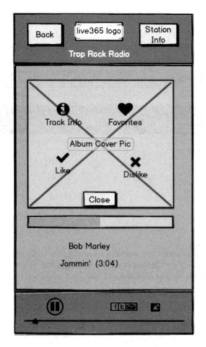

图 4.7　Live365 播放器的"其他"页面，"喜欢""不喜欢"页面都藏在这里了

测试人：在我发现了"喜欢"按钮的位置之后，它还是要我点两下才能发送"喜欢"或"不喜欢"，每一次都一样。我可能一次都不想去点了。两次点击已经超出我的极限了。还是那个对号错号是什么意思？为什么不和其他的应用一样就是用拇指朝上朝下呢？

主持人：这个我也不知道。我会去告诉他们的。好啦，现在你可以出去玩了。

现在想象我们一起在复盘。第二位测试者（我的另一个女儿）跟前面的表现差不多。我们来看一下从测试中学到了什么。我们发现了下列问题：

- 测试者需要搜寻 喜欢 / 不喜欢 按钮。
- 测试者一开始找不到 喜欢 / 不喜欢 按钮。
- 测试者需要点下次才能发送 喜欢 / 不喜欢 的信息。

三个问题显然是联系在一起的。有一个人应该被分配去研究这些问题然后在 24 小时之内给出解决方案的建议。下面是我们可以尝试的：

把"喜欢"和"不喜欢"按钮放在播放页面怎么样？我没见过其他播放器这

么埋葬这俩按钮的。如果用户的喜欢和不喜欢很重要，那它们就应该容易进入。Live365 是故意把它们做得难以进入吗？我们会出于某些策略考虑，只想听到那些因为极度喜欢或讨厌一首歌的而不惜花费点击两次的代价的这些用户的声音吗？我觉得不会，但是如果我错了，我们再讨论一下。就算我们是想这么做，还是和其他网站一样把图标换成大拇指向上向下的形状吧。我们并没有实力去挑战 Facebook 和 Google 使用的图标含义的标准。在我们把图标换到标准样式的时候，分享按钮是不是也要考虑一下？它还是会打开图 4.5 的页面，但是为什么不换成标准图标呢？

这些按钮应该放在哪里？电脑播放器的空间有点紧张。音量条真的需要这么大的空间，把底部从一侧到另一侧都占掉吗？ Youtube 使用了一个小喇叭图标，当用户把鼠标指针移上去的时候扩展，移走时又缩小。我们也换到这种方式吧。除了省空间，这样做还能更好地向用户表达信息。有时候用户会把底部的音量条和封面下方的进度条混为一谈。

现在我们把 喜欢／不喜欢 按钮从图 4.7 的页面中移出来了，还剩下什么呢？只有"追踪信息"按钮和一个"收藏"按钮了。"追踪信息"按钮实际上是把当前播放歌曲的名字、歌手、还有一个购买链接发一封邮件给你。邮件？链接？多么的 20 世纪风格。如果移动应用有一项特征，那就是简单的支付。把这个东西换成一个购买按钮，然后把它也移动到主页面怎么样？

现在就剩下了"收藏"按钮，它可以把现在收听的频道加入自己的收藏列表里面，或是移出去。为这个功能再开一个页面太浪费了。放一个五角星或者心形在屏幕上，空心代表未收藏，实心代表已收藏怎么样？由于它是对于频道来操作的，而不是现在播放的歌曲，把它放在频道信息旁边怎么样，或者频道名称旁？

图 4.8 显示了我们结合以上想法修改后的效果图，所有都来自一次简单的可用性测试。我们

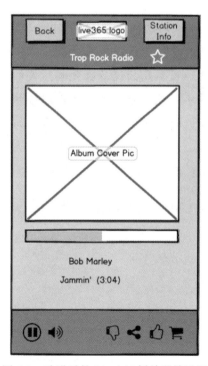

图 4.8 改进后的 Live365 播放器效果图

把播放音乐必需的操作图标，播放／暂停按钮和音量控制，都放到左边一组。然后把对音乐的喜恶相关的图标，大拇指向上向下，都放在右边一组。购买跟喜欢一首歌相关，那么购物车图标就放在"喜欢"旁边。最后的收藏，那个星星放在屏幕上方。

当然我们还需要做更多研究，一向如此。但我们已经在很大程度上提升了这个应用的体验，用快速、低成本的低保真原型做测试来实现。我们下周把这个新的设计再测试一次。或者今天就再来一次，如果女儿们不太忙。

4.12   对于可用性测试最后想说的

我总是很尊敬 Frederick P.Brooks，另一本经典书籍《人月神话》的作者。他对于软件架构和开发的想法对于今天的我们很有教育意义，尽管其中描写的一些轶事显得年代太久远了，比如他们还在用卡片来记录程序。

最近他出了一本新书，叫做《The Design of Design: Essays from a Computer Scientist》。书中有一件轶事让我每次思考可用性测试的时候都感到共鸣。他在书中写道：

我的团队花了 10 年时间来实现一个"填满房间的蛋白"虚拟现实图形的梦想。我的想法是让分子化学家可以轻松地在一个房间里探索和了解一个复杂分子式的 C 端和 N 端。经过多次失败，我们终于做出了一个合适的在头戴显示器里浏览的高分辨率影像。分子化学家可以轻松地游走在分子结构中来了解他们感兴趣的区域了。我们的第一位用户约定两周参加一次测试；一切正常她也移动了很多。第二次也一样。到了第三次："可以给我一把椅子休息一下吗？" 10 年的工作被这么一句话击倒了！他们不愿意花体力来用这种导航助理。

别让这种情况在你身上发生。早点测试，经常测试，持续地测试。

第 5 章

远程数据监测与分析

为了真的理解用户,我们需要看看他们在实际操作中是如何使用我们的程序的——他们实际做的,而不是他们记得的做法,也不是他们愿意承认的做法。可用性测试和访谈仅仅给了我们有限的一瞥。

今天的应用都接入了互联网,可以报告用户的实际行为,涵盖着大多数软件的大部分用户群。我们可以了解用户的使用模式和行为来进一步满足用户的需要。本章我们来探索一下应该怎么做吧。

5.1 猜谜游戏的时代

我还记得 20 世纪 80 年代末 90 年代初那些令人心烦的设计会议,我们尝试搞明白用户实际上是如何使用我们的程序的。这种讨论几乎总会变成一次吵架:

甲工程师: 用户总是这么做的。

乙工程师: 才不是呢!我了解用户,他们从来都不会这么操作。他们总是那么做,你这个傻瓜。

甲工程师：你才傻。用户不会那么做，他们就是这么做的。丑人多作怪。

当我和每个工程师坐下来（当然，分开的）并强迫他回顾用户这么做那么做的原因，几乎总是落脚到"我就是这么做的"。贯穿本书我们都知道，你的用户不是你，也不会是这两个工程师。通过访谈和非干扰式的观察，我们会发现用户不会这样做或那样做，而是做了完全不同的事情，我们从没预料到并且难以置信。

我们从上一章看到，观察用户与软件的现场交互行为是极有价值的。我们可以和他们交谈，可以问他们为什么这样做，而不是那样做或是用其他的方式做，可以问他们是否注意到了这边的一个东西，或是如果做这样一个操作他们觉得会发生什么。当感觉要卡住的时候去问问他们："你现在在想什么？"这常常帮我们找出那些设计中令人混淆的地方。

但是这种理念还是有它的局限性。每次测试你只能涉及一两个特性，对大部分应用来说只是一小部分。你有一个小样本的用户小组，就意味着一两个非典型的用户会让数据扭曲。就算有最棒的主持人，用户有时候还是太过礼貌，或不情愿被当成傻瓜，又或是记不太清而无法给你很好的回应。研究员也经常因为问出引导性的问题而毁了整个过程。另外，你观察到的只是一个很短的交互过程——第一印象确实重要，但这样没法度量一个长期行为。你没法测试用户使用一段时间之后的交互情况。现场测试还没法回答一些关键问题，比如哪个特性是用户使用最频繁的，以及应用的一些高级特性（比如快捷键）到底有没有被人用过。

考虑一下之前提到过的一个例子。微软的 Word 需要用户手动保存他们做的修改。而微软的 OneNote 采取的是自动保存，除非用户明确地想要放弃。哪种对于用户是更好的？

这取决于用户保存和放弃修改哪种频率更高。如果 99% 的情况下用户都想要保存他们的修改，那么每 100 次保存过程，自动保存就为你节省了 95 次的点击，这对用户的使用成本是一个极大的缩减。而另一方面，如果用户只在 50% 的情况下想要保存，那么自动保存实际上增加了总体的使用成本，100 次点击数迅速增大到 250 次。

你怎么知道有多大比例的用户会保存他们的修改呢？不是靠什么心灵感应，穿着袍子对着一个水晶球焚香施法。就算在测试实验室里问一些用户也得不到答案。只有靠收集实打实的硬数据，以及远超实验室测试可以负担的用户量，才能给出答案，并帮你做出正确的决定。

5.2　远程数据监测作为解决方案

为了补上这一块知识的空白，我们需要自动地、无人看管地监测用户的行为。我们需要跟踪所有的用户行为，而不仅仅是一小时的用户测试中涉及的那几个点。我们还需要确保观察的过程不去影响到用户的行为。我们要持续地收集，看看有什么变化。我们要大量的用户，以便做出统计学意义上的推断。最后，当然，我们还要用最低的成本来实现。

今天几乎所有的电脑都接入了互联网。因此我们可以给程序中加一段代码来记录下用户的行为，并汇报给一个中心服务器。然后通过检查这些收集的数据来了解用户的行为。然后就可以基于用户的真实行为（而不是瞎猜）来做设计决策了。

这样的过程就被称为远程数据监测与分析。在这种情景下，我把"远程数据监测"定义为"自动地收集用来描述用户在某一个应用中行为的数据"。把"分析"定义为"通过研究远程监测获得的数据来理解并改善用户体验"。在实践中，这个名词通常会被简称为数据监测。图 5.1 展示了整个过程。

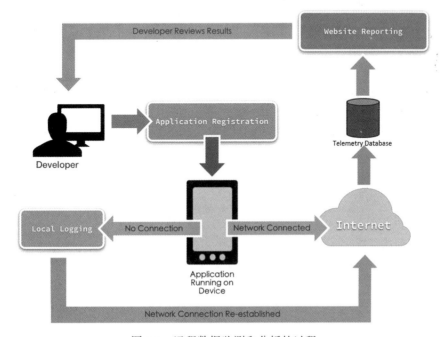

图 5.1　远程数据监测和分析的过程

开发者在数据监控服务提供商那里注册了自己的应用。然后应用运行在本地环境中，这里也就是手机设备。当应用连接到互联网时，它就把描述使用行为的数据发到了数据监测提供商的远程服务器上。如果 app 没有联网，它就在本地记录下来，直到下次联网时再发送。之后开发者在提供商的网站上查看原型远程数据监测结果，并据此做下一步的开发决定。

好的远程监测数据可以帮你在下一个开发周期中更加专注。比如，对于一个手机应用，用户横屏使用比较多，还是竖屏使用比较多？有一次，我遇见一个会议发言人，他给每位与会者提供了一款游戏，让他们在他演讲期间下载并试玩。演讲一完，他就展示了数据监测结果，显示出 87% 的与会者都是竖着拿手机来玩的。这个结果很可能意味着，在开发预算有限的情况下，未来继续投入横屏模式的开发是不明智的。

我再举一个例子来说明远程监测的重要性。考虑下 A–B 测试。假设某一个广告有两个版本，你怎么知道哪一个更有效？比如说，一周时间，你随机地向来访的用户显示 A 版本或是 B 版本，并监测哪一个获得了更多的点击。我的一个顾客在做线上安全方面的产品，网络广告是他很重要的一个获客渠道。他尝试了两个版本：一个展示了一名用户放松地躺在吊床上喝着柠檬苏打水，因为这个产品已经完成了用户的所有工作。另一个展示了坏人正在对用户做坏事，这个产品赶走了坏人；但是另一个用户没有购买本产品，这个用户正在遭受伤害。顾客和我都喜欢前面的一个。我们都说："啊，胡扯（我们有点太关注视觉方面），谁会去点击那个丑陋的呢？我希望我此刻正躺在吊床上。"但是用户确实点击了那个有点吓人的版本，并且是另一个的三倍还多。我们没法和数据来争辩。我们的用户不是我们自己。

好的远程监测数据可以解决老板和客户们之间的争端，而缺了它会让你回到之前糟糕的日子。我有一个顾客，他们使用标签页来展示产品数据，那些标签页是可移动的，就和大多数浏览器中的标签页一样。这个特性之所以存在，是因为有一个专业的用户表达了强烈的需求，但是其他用户似乎更觉得这是一个 bug——他们无意间移动了标签页，都没有意识到自己做了什么造成这样的结果，撤销也不能把它们物归原位。这似乎是一个很大的负面问题。如果这个应用有远程监测，我可以测量标签被移动为特定的顺序的频率，以及它们被重新归位到默认位置的频率。但我加入这个项目时已经太迟了，它没有做远程数据监测，我没有办法证明哪种做法对哪种不对了，真令人沮丧。

在你对产品快速迭代的时候，远程监测尤其重要。你做了一些修改，发布它，然后在一两天内观察用户做了什么，没做什么。然后就可以为一两周后的下一次发布做出调整和回应。Eric Ries 在他的书《精益创业》中极力宣扬了这种理念。在发布周期越来越短的今天，远程监测前所未有地重要。

5.3　远程数据监测的演化

听起来似乎很新，但实际上远程数据监测已经出现了多年。我们在早年的网页上就见到过它。你还记得点击计数器，就是写着"你是第 1230 名访客"的那种吗？网站的站长可以通过观察流量数据的起起伏伏来对应调整内容。之后这些与服务器端的日志相结合，展示了用户从哪里来、他们的访问日期等。

这做起来很简单。比如 Google analytics，可以通过在你的网页里加入一小段脚本来实现对用户使用情况的监测。程序清单 5.1 展示了一个脚本片段。

程序清单5.1　开启 Google Analytics 监测

```
<script type="text/javascript">
    var pageTracker = _gat._getTracker("UA-1134649-2");
    pageTracker._trackPageview();
</script>
```

用户在这个页面上点击的时候，这段脚本就把信息发送给了 Google，后者将数据存入海量数据库中。然后你就可以查看各种浏览参数了——点击数、访客来源、他们使用的浏览器等（图 5.2）。它几乎可以无限地定制，甚至（据 Google 称）可以弄清楚访客的年龄和性别。

阅读这些细节在过去和现在都是一种比较随机的操作。但是因为收集和查看这些数据简单而且成本低，你也应该做到。比如，我的一个学生曾注意到她的公司网站收到了大量来自日本的点击，尽管网站本身是英文的。对此，当然要搞清楚它们是来自于真实的用户也就是潜在的客户，还是一些从日本的入口发起的垃圾信息攻击。她尝试给网站加上了一段日文的简介，这吸引了更多的浏览，因此她决定扩展网站对日文的支持。

这都是针对网站，这里的用户几乎总是连接着互联网。而桌面软件就是另一个故事了。大约在 2007 年，微软的程序开始显示一个图 5.3 那样的对话框。这是微软首次尝试对桌面程序进行远程监测。开发者写了一个内部框架来记录和回传用户的活动。他们觉得有足够多的用户在足够多的时间接入了互联网，他们可以获得足够好的信息来了解他们的用户体验。

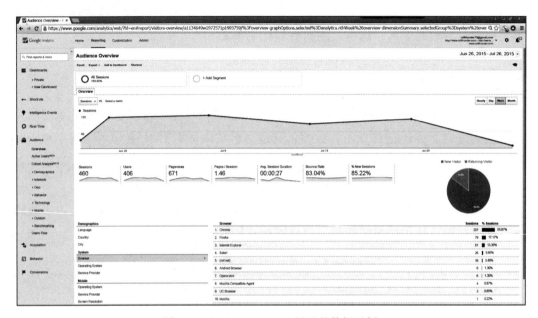

图 5.2　Google Analytics 展示的数据示例

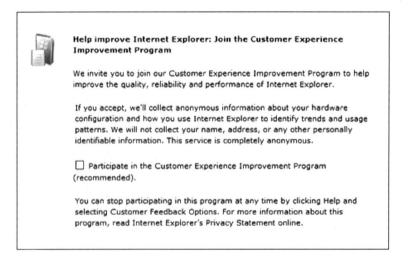

图 5.3　微软顾客体验提升计划的首个授权页面

　　微软很聪明地给他们的原型远程数据监测项目起了一个友好的名字——"顾客体验提升计划（CEIP）"，和之前那些糟糕的名字譬如"冰雹""食肉动物"等完全相反。微软承诺这项活动会匿名。测试界面很礼貌地请求授权，并且把复选框默认留空以保证只有用户选择参加的情况下才被追踪。无论规模大小，这是首次有公司对桌面软件做远程监测，微软很有可能会搞砸，但是这家公司做得很好还获了奖。现在微软所有的程序，包括 Windows 本身，都在大范围地使用远程监测。

　　今天我们都在使用智能手机和 app，它们大部分时间都连接到了互联网，这种移动的连接让它们获益良多。在我们不知不觉间的时间和地点，它们就把数据回传给了服务器。来看看 Google 地图的交通状况功能（图 5.4）。

图 5.4　Google 地图的基于数据监测的交通状况显示

　　Google 地图显示你所在的位置以及周边的交通状况。它是怎么知道拥堵情况的，来自无人机舰队的神奇的图像识别吗？没那么高级。你的手机就在持续地向 Google 报告它的坐标，这样 Google 地图可以标记出你所在的位置。Google 知道你现在在哪，也知道你一分钟之前在哪，所以它就知道了你行进的速度。它还知道你在哪条路上，也就知道了现在的速度被限制在了多少，从而知道你正在绿色的路段行驶，黄色的路段艰难前行，还是完全堵在了红色部分。

这种数据回传被做进了程序里。在这里，app 的主要功能和用户体验监测之间的界限开始变得模糊。今天的 app 就是这样工作的。随着我们的探索来继续讨论更多细节吧。

5.4   授权和隐私

你配置了远程监测的 app 打算监控和报告用户的行为。现在远程监测已如此普遍，以至于没有几个用户会去思考它。但是对于那些在意的用户，他们会很生气，并觉得你对他们做了错误的事情。需要获得用户的授权再开始进行数据收集，并且允许他们选择不参加。为什么这么说呢？

首先，如果你正在写一个企业应用，也就是给公司雇员办公使用的软件，可能不大需要授权来做数据监测。美国的法庭长时间来认为电脑的所有权属于雇主，他们可以了解它上面的一切信息。有些令人讨厌的雇主甚至使用按键跟踪器来了解员工是在用电脑闲逛还是真的在打字。在欧洲就更复杂一些，可能有其他规定。总体来说，雇主对电脑的控制权越多，需要用户给予的授权也就越少。检查一下法律的规定，至少要知道你需要面对的最低标准是什么。

而如果不是企业应用，那么向用户提供关闭远程监测的选项就是明智的做法了。很少有用户会去注意这些，更少有用户注意到后会真的在意。但是如果有人在意，并且因为感到气愤而要小题大做时，这肯定不是你想看到的。允许用户用一种简单的方法关闭它，意味着那些觉得自己被冒犯了的用户可以得到他想要的，你就可以躲开这些麻烦，转而去找其他人帮忙。

大部分应用把这方面的选项藏在设置页面很深的地方，而且并不（也不该）影响程序的正常操作。比如 Firefox，把它放在了"设置→高级"选项里面，如图 5.5 所示。

一旦我们把远程监测配置好，就得搞清楚默认的状态应该是什么样的。并没有太多选择；打开、关闭，或是让用户选择，市场上并没有明显的统一意见。Firefox 在普通用户版中是默认关闭的。Google Chrome 把它叫做"使用统计"并且默认打开。微软的程序通常会在安装的时候要求用户授权，有时候默认把"开启"选项勾选了，有时候则默认没有。

对于手机 app，状况就有点"黑暗"了。在你安装一个 app 时，它会有一个页面来告诉你它需要获得的手机特性和权限。图 5.6 显示了 Skype 软件在一台 Nexus 5 手机上的权限申请页面。你可以看到它想要使用手机的摄像头和位置信息，还有其他什么的。

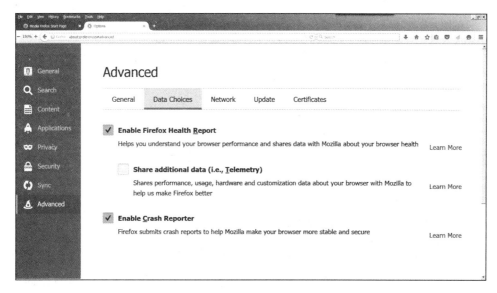

图 5.5　Firefox 里面的远程监测选项

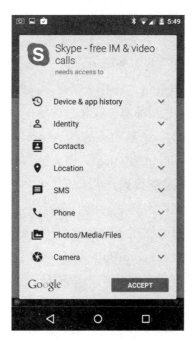

图 5.6　Android 上面的 Skype 权限申请页面，里面没有提到远程监测

你会发现并没有看到任何与远程监测相关的许可申请。那么 Skype 的开发者如何知道你是横着拿手机还是竖着拿手机呢？或是你试过多少次才拨对了号码等。Windows 桌面版的 Skype 包含了一个高级选项，"帮助提升 Skype……通过自动发送周期性报告……"，它默认是关闭的。手机版并没有这个选项。

在 Skype 的隐私政策条款细则里，你可以找到这些词"我们通过多种方式收集信息，包括……Skype 软件电脑版和其他设备版本"。这就是远程监测的许可了，在你使用程序的时候也就意味着同意接受。

这就回到了我在《Why Software Sucks》中提到的观点，隐私政策根本没有用。最后他们都会落脚到："我们想怎么做就怎么做。如果你不喜欢，好啊，那就别用啊"。似乎大部分用户对此都已经习以为常。

5.5 选择一个远程数据监测服务提供商

记录、上传、存储，以及显示你的监测信息，这些都绝非易事。幸运的是已经有多家公司提供了框架来完成这些工作，你要做的部分很少。你应该从这些商业提供商中选择一家，而不是自己鼓捣。他们的费用差别很大，跟你们的合作紧密度也有关。不过他们大都有一个免费的套餐让你可以立即开始使用。

像这样一本书是没法给你一个全面的选择指南的。和其他软件行业里面的事情一样，变化太快了。但还是有一些服务值得研究一下：PreEmptive Solutions 提供了一个免费版的 Visual Studio 服务包，还有它家更为人所知的产品 Dotfuscator。它免费、方便，和开发工具的集成也很简单。在稍后的示例讨论中，我们会用到 Xamarin Insights，也是出于同样的目的。微软也在它的 Azure 平台上推出了一个叫 Insights 的新程序，看起来不错；Google Analytics 背靠大公司；我有一个朋友是 Localytics 的死忠，到处推荐。它们很容易被找到。

你也要和软件质量保证部门沟通好。他们有可能正在用一些远程监测套装来监控应用的崩溃和假死等。远程监测用于这些方面可比用于用户体验早得多。我记得早在 2004 年的 TechEd 大会上，Steve Ballmer 就曾为这方面的成功而洋洋自得，这比微软引入用户体验的监测可早了好几年。你需要了解一下质量保证部门正在用的框架是否可以用于用户体验方面的监测。新的一些产品都趋向于这么做。

当你的软件运行于内部网络而不是互联网时，选择一个数据监测提供商就变得很麻烦。我有几个财务方面的客户就处于这种情况，一些医学方面的客户也一样。

出于某种预防措施的考虑，一个比特都别想进入或流出他们的网络，没门，怎么都不行。这种情况该怎么办呢？

回答是有些服务提供商会租借或卖给你一个服务器端软件，让你可以运行于私有网络。它会卖得更贵，你管理起来也会很头疼。但是在这种高安全等级的情况下，仍然比完全不做远程监测好得多。

5.6　应该追踪什么

和任何其他类型的调查研究一样，原型远程数据监测项目的成功和失败取决于是否问了正确的问题。你应该向监控提出哪些问题呢？你需要想明白你要从中获得的洞察。

对于新手，避免碰底层的东西。用户体验的监测无关软件系统内部的流程。它不是去跟踪方法 A 调用了方法 B 又调用了方法 C，也不是返回 1、返回 2、返回 3、返回 0。这是给你的 debugging 工具留着的。在用户系统里你不用去管这些。

你只用去思考最高层的功能，比如"用户打开了一个文档，然后打开另一个，对第一个做了拼写检查，打印了第二个，然后把它们都关掉了"。有一个时髦词叫做 KPI（Key Performance Indicators）说的就是这个。当然这个取决于不同的程序类型，但这里还是有一些普遍使用的想法。

跟踪特性的使用情况是远程监测的一大目标。当微软 Office，这个大众使用的最大型软件，第一次引入了远程监测，微软最想要知道的事情之一就是 Office 那几百个特性的实际使用频率。来自 Office 团队的一个线人告诉我，有些功能的实际用户如此之少，让他们大为吃惊。每个 Office 的开发者都认为自己开发的特性是用户生活中离不开的。穷尽一生来实现它，没了它地球就不会转了吧，不是吗？但事实是只有 1% 的用户打开过公式编辑器，或是作者表。谁会知道呢？

你可能想要跟踪用户操作的顺序。考虑下 Windows 键盘上的 Insert 建，按下它就会进入一个替换模式。我从来没见过，也没有听说过，任何人是因为想要去用而打开了这个模式。我见过的都是因为误触而进入这个烦人的模式，但是我也没有数据依据来证明大部分用户和我观点一致。为了找到答案，你可以跟踪一下 Insert 键和撤销键，还有用户在替换模式下撤销他输入内容的频率。微软最后获得了这些数据，当然也证明了我是对的，然后默认关闭了这个特性。（你可以在高级设置里重新打开它，如果细心到能够找到的话。）

如果你的程序拥有帮助系统，那肯定想要追踪哪个话题是用户关注的。它也会告诉我用户界面的哪一部分对用户来说是不够清晰明了的。

5.7 远程监测示例

为了展示一个好例子，一个读者或学生都能参与的例子，我们来看一个手机 app 吧。Xamarin 是一个让你使用同一套基础代码，就能开发出 Android、iPhone 以及 Windows Phone 应用的平台，在 Visual Studio 中使用 C# 语言开发。用它来演示远程监测也很合适。

我们从 Xamarin 的一个扫雷示例 app 开始，作者就是独一无二的 Charles Petzold（回想我第一次学习 Windows 编程，就是参考了他那本著名的《16-bit SDK in C》），这个和你在 Windows 上面玩的扫雷和纸牌很类似。图 5.7 显示的是运行在 Nexus 5 手机上的截图。

我们要做的第一个设计决策就是选择一个远程监测服务提供商。因为我们已经在使用 Xamarin 移动框架，使用它家自己的监测组件是最简单的，它被称作 Xamarin Insights。这个工具可以很好地工作而且使用简单，它还有免费套餐可以让你无阻碍地用起来。

对于这个例子来说，最大的竞争者就是 Google Analytics，后者也可以用来追踪手机 app。它比 Xamarin Insights 更加灵活和强大，但是也更复杂。亚马逊上面就有 6 本书来讲它。把它引入这个项目需要花的功夫已经远超它的价值。

打开 insights.xamarin.com，我们看到一个开发者工具登录页面。在主屏里，XI 需要我们"创建一个 app"，这听起来有点让人困惑。如果我们已经有了一个 app，这里会创建一个新的空白 app 项目还是什么其他的东西？点击这

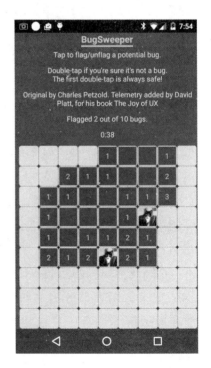

图 5.7　运行在一台 Android 手机上的扫雷示例 app

个链接之后，我们才发现 XI 这里的"创建一个 app"实际上意思是"为一个已存在的 Xamarin app 开启远程监测"。你可能会争论，这里用"注册"比"创建"要好得多。这里我们获得一个唯一的 Key，一段可以把我们自己的 app 和其他 XI 在监测的 app 区分开的字符（见图 5.8）。

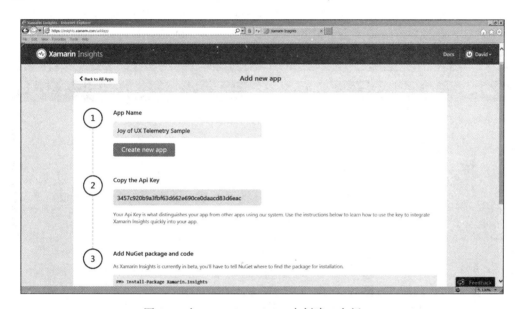

图 5.8　在 Xamarin Insights 中创建一个新 app

然后我们下载并安装 XI 包到我们的开发环境里。这个不会花很久。我们还得把代码加入到 app 的初始化方法里面来初始化 XI（见程序清单 5.2）。

程序清单5.2　Xamarin Insights 的初始化代码

```
public class MainActivity : FormsApplicationActivity
{
    protected override void OnCreate(Bundle bundle)
    {

        // Start Insights

        Insights.Initialize(
          "3457c920b9a3fbf63d662e690cedaacd83d6eac",
          Android.App.Application.Context);
    }
}
```

当 app 初始化时，它会建立起和 XI 的通信来追踪一系列有用的数据，比如程序崩溃了。报告中的访客标签，如图 5.9，显示了一些有趣的条目（"了解用户，因为他们并不是你"）。你可以看到用户总数，他们来自哪些国家，使用的语言。还可以看到每天的访问次数。游戏有多让人上瘾？你可以看到他们使用的操作系统和设备类型。这些让你对你的用户群体有了很明确的了解。这些信息非常棒，尤其是想到你只花费了很少的费用和功夫来得到它。

图 5.9　Xamarin Insights 的访客标签

现在我们需要追踪一些关键的指标，那些对于我们的游戏有特别意义的数据。应该是什么呢？任何游戏开发者都知道游戏难度必须平衡地恰到好处。如果太简单，用户很快就厌烦了，然后走开；如果太难他们也会走开。所以对于这款游戏我们第一个需要了解的事情就是玩家有没有赢。

Xamarin Insights 允许你追踪自己定义的数据。这些被称之为"事件"。一个事件可以是你想要在程序里了解并追踪的任何事。我们来建立一个"游戏获胜"事件，以及一个"游戏失败"事件。在我们的（实际上是 Petzold 的）游戏代码里面，我们将会调用 XI 来追踪这些事件。

我们还想知道每一局游戏持续的时间。在游戏一开始，Petzold 在屏幕上放置了一个计时器。游戏结束时，我们读取这个计时器并追踪结果。我们希望以秒为单位来记录流逝的时间，但这里有一个问题：如果一次游戏持续了特别长的时间——比如一个玩家开始玩了一会之后，有其他事情分心，就把手机放回了包里，然后一周都没有打开这个游戏——这样最后巨大的数值会让结果的显示没法看。所以当我们获取到时间后，如果游戏的持续时间超过了 10 分钟（600 秒），我们就截取到 600 秒。如果我们获得了特别多这样的数据，那就应该重新思考一下记录时间的方式了（还有用户到底是怎么玩这个游戏的）。

输掉一局游戏通常比赢得一局游戏花费的时间要少。所以我们用记录游戏输赢的同一个事件来记录游戏时长。程序清单 5.3 显示了我们调用 XI。

程序清单5.3　调用 XI 来追踪一个自定义游戏事件

```
int GameSeconds ;

if (hasWon)
{
    // Track a win, with the elapsed time

    Insights.Track("GameWon", "Time", GameSeconds.ToString());

    DisplayWonAnimation();
}
```

最后，比如说我们还是好奇用户在玩游戏的时候是怎么握持手机的。可能现在这不是件大事，因为游戏区域是正方形的。但是如果我们要做成长方形的话，我们得知道从哪个方向扩展。我们在示例代码中找到正确的地方，从 Xamarin 框架中获取方向信息，并通过 XI 追踪。有人可能会觉得既然 Xamarin 是一个移动应用开发框架，那它应该自动追踪这个吧，但实际上并没有。也许在愿望清单里吧。

我们也会想要追踪独立的用户行为。是不是 20% 的玩家玩了 80% 的游戏？游戏获胜率是怎么提升的？在 XI 里面追踪独立用户并不难。你给每个用户分配一个唯一编码，在 app 第一次启动时随机生成的一个长数字。你不会把它关联到一个特定的用户身份，所以这是匿名的。XI 可以简单地把时间关联到特定用户身上。但是对于这里这个简单示例来说需要做更多的工作。让我们暂时跳过先看看这些基础的数据告诉了我们什么。

我把示例代码发布到了 Google Play 应用商店，免费下载。我给每个联系人发了 Email，还在社交网络上发了一圈，让每个人下载来玩，这样我就可以看到结果了。

图 5.10 显示了一个其中一些的概览。这个用户赢了 15 局，大都花费了 28 秒左右。

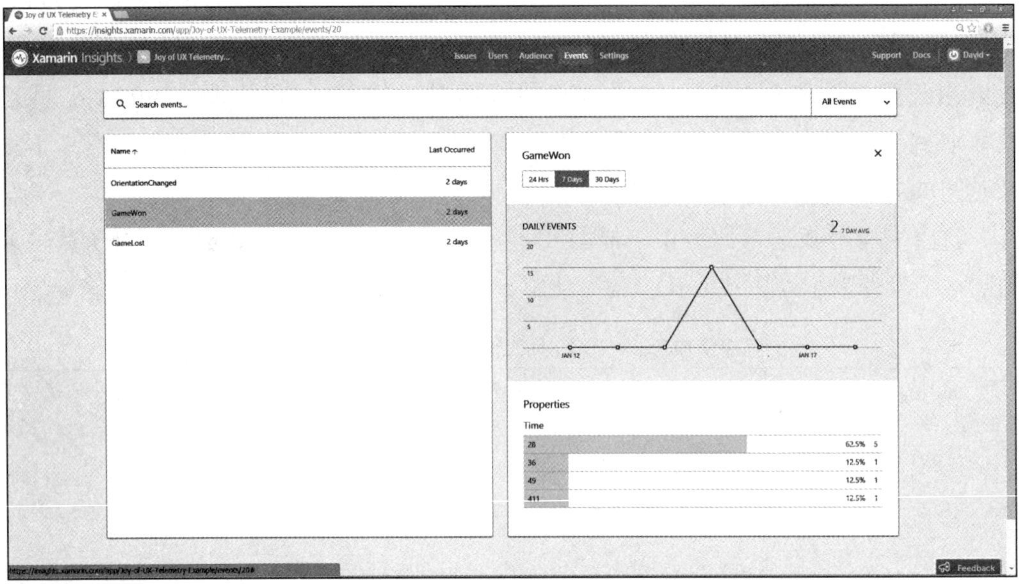

图 5.10   Xamarin Insights 显示

我希望能够下载原始数据以便在我自己的分析工具里用。Xamarin 目前还没有提供这样的能力，尽管这是个呼声最高的特性，据说很快会到来。

5.8   对于今天的原型远程数据监测的建议

在和原型远程数据监测打了几年交道后，今天对于如何使用它我有这些总结：

- 远程数据监测在今天已经成为标准，而不是一个选项。离开它，你几乎不能做出设计决策。如果你不用，开发者就会彻底打败你。不幸的是，我们看到，添加远程监测这种理念影响力还很小。
- 一旦你意识到需要做远程监测，就需要在一开始加入它。别被这种话欺骗了，"我们先让这个 app 工作起来，然后会考虑在第二版加入远程监测的。"如果没有远程监测，你又怎么可能知道第一版是否正确地工作了呢？从一小块开始没问题，甚至很明智。但只有你明白了这一小块是怎么工作之后，才能扩张到更大的范围。
- 从收集小范围的数据开始。远程监测很快会压垮你。我见过这种囤货心理，开发者一接触远程监测就把所有东西拿来看。别这么做。从收集小规模的可以管理的数据集开始，就像我们在上面的示例中做的一样。这些数据会告诉你下一步应该去看点儿什么。

要非常谨慎地去理解并遵从用户对于隐私方面的期望。不论是什么。保留让用户可以关闭原型远程数据监测的选项是个好主意。个别用户会这么做，但不至于影响你的统计正确性。在遇到需要收集身份相关的数据时，一定要审慎思考。

最后，你必须明白远程监测绝对不是故事的全部。它绝对是必要的，但还不够。它是对可用性测试的补充，而不是一种替换。你还需要把它和其他渠道获得的用户信息做一番协调，比如说技术支持渠道。每一个交流渠道都有自己的优势和劣势，给你展现出不同视角的用户体验而又隐藏了其他的。只有把所有信息放在一起，你才能看到真正的全景。

5.9 错误地使用远程监测

下面是远程监测典型的错误用法。这让我想起了福尔摩斯那条不会叫的狗的故事。

微软在 2012 年八月发布了 Windows 8。它在用户界面布局上做出了重大改变以适配平板设备。作为结果，它去掉了左下角的开始菜单，这个在过去 17 年每个版本的 Windows 中都会出现的元素。微软认为用户不会怀念它的。但是它错了。

微软做出这个决定是因为它的远程监测报告显示用户很少会去用开始菜单。对于常用的软件，他们直接钉在任务条上。对于不常用的呢，点击开始按钮并在输入框里面打出前几个字母，自动搜索返回的速度比从菜单里面找更快。微软因此认为用户根本就不再需要开始菜单了。

历史会告诉我们答案。Windows 8 在主流用户中完全不受欢迎，甚至比 Windows Vista 还惨，这说明了一些问题。缺少开始菜单是一个主要原因。对于选用了 Windows 8 的用户来说，一个可以替换的开始菜单成了最流行插件。

微软没有意识到的是，尽管很少用到开始菜单来导航，但是它仅仅是放在那里就很让人心安。当用户第一次看到 Windows 8，他们习惯性地去找这个坐标点，但是没找到。这让人有点感觉迷失，好像被微软抛弃了一样。他们不会说："哇，微软，你现在和苹果一样酷了。谢谢你让我的世界耳目一新。"他们会说："什么东西？我这是在哪儿？"并且一丁点儿也不会喜欢。

　　微软不得不在发布 Windows 10 的时候把开始菜单又恢复了回来。从微软跳过 Windows 9 这个名字就知道它是有多想和 Windows 8 划清界限。

　　微软该怎么做才能避免这样的失误？再说一次，远程监测是必要的，但不足够。微软的其他用户研究渠道应该在早期用户试用的时候就识别出这个问题。但 Windows 8 就是一个典型的回音壁效应，开发团队只听到他们内部的反馈说他们都觉得这个很酷，并且忽略了不符合他们先入为主观点的意见。

　　他们忘了用户不是他们自己。然后得到了应得的结果。你可别犯这种错。

第 6 章

安全与隐私

你可能很好奇为什么一本讲用户体验的书会有一章专门来谈安全。安全不是那种最最极客的领域吗？像图灵那样的数学天才，以程序员的标准来看也很奇怪的那种？是关于密码学的吗？

事实并非如此。如同安全大师 Bruce Schneier 在他的经典《秘密与谎言》里面说的，"如果你认为技术能够解决你的安全问题，那你就根本不了解这个问题并且不懂科技。"用户的交互和行为支配着安全性的成败。来，听听我怎么讲，并且理解它。

6.1 一切都是权衡的结果

只有一种电脑是彻底安全的，就是把它关机、拔线，完全封起来，然后埋在 10 英尺的地下。而且其中每一个都很难做到。所以不管怎么使用电脑其实都是在可用性和安全性上做妥协。对于你自己的应用做出正确的妥协也会影响项目的成败。同时还要避免在任何一端办下蠢事。

安全性出现在用户体验设计考虑范围的时间并不长。但是通过了解谁是我们的用户，他们想要做什么，以及期望从做这些事情中获得什么，我们会发现他们会有一些安全性相关的负担需要忍受，并会把这些负担归结为可以给他们带来最大的安全。这可是我们的工作呀——去理解用户并且把产品打磨成让用户利益最大化的状态。

现在我们想获得进入安全王国的钥匙。那些极客们不会把它交过来，我们也不是真的想要接手。另外它还有很多层级是我们接触不到的。但是你和我，我们用户群体的拥护者，需要占据一席之地并且指导着整个交易。因为如果我们的用户体验设计出了纰漏，所有的安全性暴露在了窗外，我们的产品也会一样。

6.2 用户首先是人

我最近参加了一个电脑安全方面的讲座，演讲者描述了一个坏人在搞破坏并问道："这件事为什么会发生？"我身后的一名听众叫道："因为用户是傻瓜啊。"

演讲者（我很尊敬他）跳过了这个评论。但是在结束时，我站起来说："刚才讲用户是傻瓜的这位先生，我要说用户首先是人，并且在可预见的未来他们也还是。如果你期望他们变成其他什么东西，那你才是傻瓜呢。"

人是什么样的呢？图 6.1 展示了一些想法。他们不懂算术（数学意义上的"文盲"——这也是赌博行业能够存在的基础）、懒惰、容易分心、不愿意配合。他们用一个词就可以形容——人类。

图 6-1 人类：a) 不善于计算；b) 懒惰；c) 容易人心；d) 不愿合作——一个词总结就是：人之本性

若干年前，我们要求人类用户去适应他们的软件，成为"电脑达人"。而现在应该吸收了本书在传达的信息：那个年代已经远去了，现在我们的工作是让软件来适应用户。

在早前的日子里，我们没有通过互联网持续地把每一个智能设备和其他智能设备连接起来。如果敲键盘用命令行进入星际迷航游戏，在那时不得不那样做，比起今天用鼠标点一下来说的确更难，但至少在玩的时候我们不用担心坏人偷走了我们的银行账号和密码。我们不会在网上购物，或是做金融活动，也没有医疗数据。我们不会受到来自恶作剧脚本小孩，或是海外的网络安全威胁。那个时候的世界更加简单和安全。

安全威胁持续提升的同时，用户也需要更加易用的软件。例如，许多银行都要求两步验证，包括密码和验证短信，但是用户觉得这是个额外的负担，尽管这是为了他们自己的安全着想。我们这些关注可用性的人们陷入了两难。但是想想，如果一件事很简单，不就人人都能做了不是吗？

6.3　什么是用户真正在乎的

如果你问用户安全性对他们来说是否重要，他们一定会说 yes。非常重要吗？是的，当然，非常非常重要。但在同时，安全性从来都不是用户的主要目标。当一名用户的老婆对着地下室喊道："Bob，你在那儿干什么呢？"这个男人会回话说，"我在寻求安全"吗？不。他在清算支票簿或是玩游戏，或者做其他什么事儿。

用户想要获得安全但是不愿意付出成本。就像 Alma Whitten 和 J.D.Tygar 在《安全与可用性》中说的，"（用户们）可不会坐在电脑前去管理他们的安全性问题；相反，他们发邮件、浏览网页或下载软件，并期望有安全措施在他们做这些事的时候保护他们。对用户来说在完成他们的主要目标时，很容易把学习安全性这种事情抛在脑后，或是乐观地假设他们的安全措施一切正常。"

就像是保卫国家一样，用户觉得这件事非常非常重要，但是他们总是希望其他人去做。如前面罗列的，用户是有双面性的。他们会说一件事而做着完全相反的事，同时没有发觉这样自相矛盾。图 6.2 里面的雕像已经存在 2000 年了，这不是一个新问题。

Jesper Johansson，今天亚马逊的资深首席安全工程师，多次对我说过，"拿出一个跳舞的猪和安全性让用户来选，他们总会选跳舞的猪。"在交易的这一端，这是我们自己接受的条件。

图 6.2   人们都是有两面性的。这尊雕像已经存在了 2000 多年。这不是一个新问题

6.4   麻烦预算

因为用户是人，他们会把安全性相关的成本都看做一种让人分心的事，一个不受欢迎的闯入者，一种税。因此，他们能忍受的非常有限。我喜欢用麻烦预算这个名字来形容这种成本。如果你的应用超出了用户的麻烦预算，他们就找到一些变通的办法绕过你的 app。

考虑一下下面的例子。你在房子的大门上有一把锁。这个锁在初次安装的时候就要花一番工夫，然后每次出门都要带着钥匙回来再开锁也是一些负担。你接受了这种麻烦是因为利大于弊——可以阻止陌生人随意进入你的家里。这种负担在你的麻烦预算之内。

假设现在你的房东给房子里面的卫生间装了一把密码锁，在关门的时候弹簧铰链会自动上锁。你可能会觉得每次打开这把锁的成本就比它带来的好处大多了，这就超出了你的麻烦预算。

你能忍受多久呢？一次，没问题，把门打开，也许两次。但是，没门儿，你不会想做第三次了。你不能卸了这把锁，因为房东才有这个权利并且认为你应该用这个锁。那么你就会想些变通方法了——把门闩用胶带封住，用一把板凳挡着门缝，或者干脆尿在厨房的水池里了。

因为房东强加的安全措施超出了你的麻烦预算，实际上洗手间的安全性比之前更差了。普通的卫生间门锁并没有那么安全，一把螺丝刀就能攻破，却提供了一个礼貌的提醒："卫生间正在使用中，请遵守规则"。而如果用胶带和板凳来绕过，你连这种基础的等级都达不到了。如果用厨房的水池那样解决，你就彻底失去了这个顾客。

让我进一步思考。房东认为既然安装了一把密码锁，卫生间的安全性肯定比之前更高了。但实际上却更低，因为更多的要求超过了房客的麻烦预算，并触发了各种变通之道。现在房东的安全性意识实际上是最糟的——自欺欺人的。

用户在对待电脑安全方面的要求时也是一样的。如果你超过了他们的麻烦预算，他们就会想办法绕过，或者叫骂着放弃它。图 6.3 显示了一种绕过方式。最后的结果就是要么你的安全性完全失效，要么失去你的顾客。就像是古希腊的悲剧一样，工程师花越多的功夫来和没有安全意识的用户斗争，最后两边的安全性却越差。

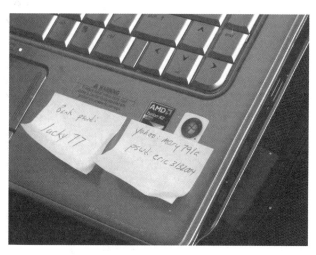

图 6.3　如果超出了麻烦预算，用户就会去寻求变通之道

麻烦预算是非常主观的。它因人而异，还要考虑用户从你的 app 上获得的好处有多大，以及从其他替代者那里获得同样的好处是否困难。米莉阿姨对于家谱软件的麻烦预算是很低的，仅仅比翻看孙子们的毕业典礼照片高一点点，但并不是对其他所有事都有这么高。她不会花很多时间在搞懂电脑上，不管是出于安全性还是其他原因。如果她在网上的一个家庭相册需要她每三个月更新一次密码，并坚持密码需要同时包含大小写字母、数字和符号，她会怎么做？她会说，"真见鬼"，然后回去打毛衣、玩桥牌或者看电视了。她知道孙子们下次拜访她时，会很乐意把他们新

iPhone 上拍的照片拿给她看的。另一边，15 岁的技术宅 Elmer（编程爱好者，不参加体育活动，受粉刺困扰，不受女生待见）愿意做任何事情来获得他最喜欢的游戏的作弊码。他在这件事上的麻烦预算是很高的（顺便说下，你看到用户画像的力量了没？）。

1. 尊重用户的麻烦预算

你可能会觉得麻烦预算还有变通之道这些都是胡说八道。你可能会觉得只要进一步教育用户，就能让用户遵照你对更高的安全性方面的要求。那就错了。在过去的 20 年中我看到各种把教育用户作为一个安全性相关问题的解决方案来兜售的案例。如果它们有用，那今天也应该一样。为什么没用呢？我们又该做什么来代替呢？

Cormac Herley，微软研究院的一名科学家，在用户与安全性之间的交互领域发表了几篇很棒的论文。我特别赞赏一篇被他命名为《So Long, and No Thanks for the Externalities: The Rational Rejection of Security Advice by Users.》的论文，强烈推荐你找到并认真阅读一下。

Herley 在用户的麻烦预算上有新的看法：他们并没有做错或是傻。他争论道，那些给用户叮嘱安全建议的专家很少会去衡量，这些建议所花费的成本和用户遵照这些建议可能避免的损失之间孰轻孰重。他说："用户之所以拒绝这些安全建议完全是基于经济学角度的。这些建议保全了攻击中受到的直接损失，却以时间成本的形式带来了更大的间接损失。"

假设一次攻击每年会让百分之一的用户受到影响，并需要受到攻击的人花费 10 个小时来善后。那么每 100 人每年因为这项破坏蒙受的损失就是 36000 秒。如果要阻止这项破坏需要每个用户每天花费超过一秒（100 人就是 36500 秒），那么这种治疗方式，总体来说，就比得病更糟。

Herley 继续说道（加入了我的强调）：

> 美国大约有一亿八千万网民。以美国最低时薪标准的两倍来算，所有人每小时的价值是 1.8 亿 ×7.25×2＝26 亿美元，这让我们从一个新的角度来看待整件事。我们认为安全建议被忽略掉的主要原因是它弄错了这道算术题：它把每小时价值 26 亿的时间当成了一项免费资源。把用户看成懒惰和不配合的人是很常见的。为了更好地理解这种情况，我们把用户整体看做一

位时薪高达 26 亿美元的专家，把他的时间用在一些不必要的细节上实在是太浪费了。

我刚刚从网上看到一篇叫做《保护身份隐私的 37 种方式》的文章。如果我得做 37 件不同的事情来保护隐私，那还是算了吧，让那些坏人拿走吧。

这里的关键，一如我贯穿本书讲到的，就是要理解你的用户。这需要我们去搞清楚用户真正需要什么，去衡量保护和善后哪个对于用户的负担更重，并且尽力地缩减、自动化，以及优化我们需要用户付出的时间。

2. 一项普遍存在的真实生活中的麻烦成本和变通之道

下面这个例子关于用户的麻烦成本，以及安全专家在如何管理它们方面的无知。

高薪聘请的安全大师自负地告诉你要使用随机的密码以避免被猜出来（而不是用你老婆的名字、孩子的名字或是狗的名字等）。OK，有点道理，我也猜中过几次这样明显的密码。这也是我在创建新密码时坚持使用随机生成工具的原因（看下图 6.4 在逻辑上总结了这种想法）。他们还说你不应该把它记录下来。同样，我也能看到背后的逻辑。这也是理查德费曼在二战时期的原子弹项目中破解保密信息采用的方法之一，并留下一个古怪的笔记，让安全专家们很是头疼（你可以看看他的传记《别逗了，费曼先生》，了解剩下的两种方法）。然后他们告诉你为不同的账号使用不同的密码。和之前的两条一样，这对于它自己是合理的。最后，他们会说你还需要定期地更新密码。

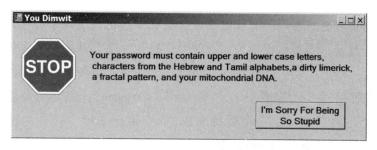

图 6.4　关于密码建议的逻辑总结

人类没法同时做到全部四件事情。我们的大脑不是那样构成的。这就是我们发明计算机的原因。幸运的话，你可以同时做到其中两件。在明知用户做不到的情况下，还告诉用户这么去做，而不是想办法在用户力所能及（有时候是想去做）的范围内尽可能地保障安全，这简直构成了渎职。

上面哪一条提供了一点点价值？哪一条又稍微聪明点地花费着用户的麻烦预算？也许最后一条吧——经常更新你的密码。这里是原因：

在数学理论里面，定期更新有一点点合理性。更改密码对于那些尝试撞库的坏人来说有一定的防范作用。但是对于使用键盘记录器，从身后偷窥，或是钓鱼网站来说就完全没用了。他也没有办法解决用户为了钱财、性或是报复而泄露秘密。你确定周围没有这样的人吗？

即使被那些半吊子坏人偷走了密码，他们也知道这可能很快会失效，比如说偷到了一个信用卡账号密码，他知道应该赶紧使用，尝试在事情败露、卡片被锁之前把尽可能多的钱偷出来。三个月或者半年一次密码更新并不能帮上忙，因为坏人肯定在这之前动手了。

所以这个措施，如果说有用的话，除非是解决那种有人偷窃了密码，然后在网上继续查看你的信息而没有被发现，比如说 Yahoo 偷偷拿到微软公司的内部通讯录，用来挖走关键的员工。（当然，如果 Yahoo 真的想要获得微软员工，在西雅图时报登一个提供高额入职奖金的整版广告可能更有效。）

用定期更改密码来防范最后一种侵害，还存在另外一种问题，就是用户又换回了他们的开机密码，毕竟，他们是人类——人性中存在懒惰和不愿配合的一面。想想图 6.1d 中的人们踩出来的近道吧。人们偏离人行道而在草坪上踩出一条新路，是不是因为之前被要求的太多？提问者不知道，但是行人们，他们用脚投票。这超出了他们的麻烦预算，他们就不会配合。

当用户被要求更新密码的时候也一样。我从来，我是说整个过往人生中一次都没有见过谁修改密码不是仅仅把最后一两位字符改一下，其中绝大多数情况都是把一个数字改大一些，以便一次次修改后自己还能记得。可能第一次用的是一个随机密码（如果被强迫这么做的话），比如说"w5NCzr#@h"。但当他们被要求修改的时候，他们总是给后面加上一个后缀变成"w5NCzr#@h1"这样。再下一次变成"w5NCzr#@h2"等。讽刺的是，越是随机的原始密码，人们越会使用这样的重复修改模式。就算是做恶作剧的小孩儿也能破解它，不是吗？我女儿就可以，而她只有10岁。因为用户感觉这些要求超出了他们的麻烦预算，他们就选择一个最轻松的方式绕过它，把安全隐患抛在脑后。

微软拥有 12 万 8 千名员工。每季度更新一次密码，花每个人十分钟完成，每年就会耗费微软超过 85000 小时的工作时间，差不多是 42 名全职员工一年的工作量了。这还没算上重置密码，增加的技术支持等花费的时间，或是因为账号被锁而损失的机会成本。微软这些钱花得值吗？我不觉得。

解决这种密码修改问题的唯一方式就是每个季度给每个用户分配一个新生成的随机密码。当然，用户不能（也不想）记住它们，所以他们（总是）会把它写在什么地方来解决。这样新密码的安全性就和他们写在便利贴上面的那个一样了。又一个希腊悲剧式的故事。

那么为什么企业还是强迫用户来修改密码呢？当我和人们谈到这个话题时，得到了不同的答案。首先很多安全管理员真的相信这是有效的。这很可怕，因为这意味着这些负责照看我们安全的人是无能的。我宁愿相信他们只是不愿承认它没用，或者说不愿意向我承认。有时候他们会说，"我们会有一个用户培训计划来处理这个问题。"他们可能会有一个用户培训，但是我愿意拿我家房子来打赌这根本就没用。

第二个，更小的一组人承认了，没错，他们可能并不能从定期修改密码这件事上获得任何好处，与用户所花的时间比起来就更不相称了。但他们也指出，因为这一条经常出现在各种最佳实践列表中，他们没有能力改变。这就是一个安全性上的逢场作戏，一个展示给大众或是不懂技术的老板们的安慰剂，告诉他们有些措施已经做了。他们有时会引用一段祷文（"上帝让我平静地接受我不能改变的东西，勇于改变我可以改变的事情，以及拥有智慧来识别两者的差异"）。他们要为真正有价值的事情保留一些政治资本。

最后一点，安全管理员们并不需要对用户浪费在这些政策上的时间买单。实际上，另一篇由 Cormac Herley 和 Dinei Florêncio 合著的精彩的论文《 Where Do Security Policies Come From? 》发现从所保护的资产和受到攻击的数量来看，最严格的政策却没有用在最急需的地方。他们发现最强的安全政策都被用于了 .edu 和 .gov 这些域名上，"最好把这个和因为强加糟糕的可用性决策给用户而造成的结果分开看待。"对于那些可用性上的决策和它们造成的结果我们现在是要调整下注意力了。

6.5　案例：Amazon.com

亚马逊是最成功的企业之一。因此如果说对于亚马逊的用户群体，它在安全性和可用性之间做出了很有效的权衡是顺理成章的。他们刚好把损失控制在了一个可接受的层次，同时又让用户保持着在此消费的舒适感。他们又足够宽松，让用户在这里花钱——大把大把的钱没有任何阻碍。让我们看看这些权衡到底是怎样的。

从最初创业时销售纸质书（还记得吗？），然后是 CD（它们呢？），到今天的亚马逊几乎销售一切，不论是实体商品还是数字内容。它的 Kindle 阅读器重新定义了什么是读书和写书。他们获得专利的一键下单系统在促成冲动消费方面如此有效，让我不得不关掉这个玩意儿，因为我已经买了太多的东西。

当你第一次打开亚马逊的首页时，它看起来普普通通（图 6.5）。它显示了人们都在买什么东西，但没有任何是为你定制的。你可以搜索想要的产品然后添加到购物车。

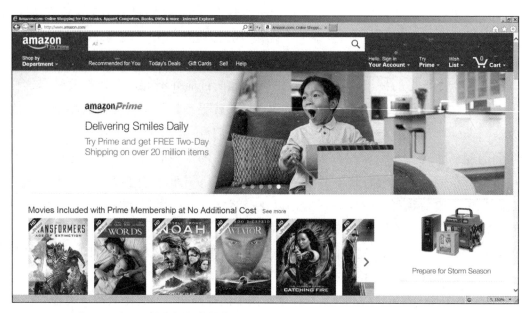

图 6.5   对于还没有授权身份信息的用户，亚马逊显示的是一个普通的首页

当你想要购物或查看订单时，就必须要登录了。注意在这个时间点（图 6.6）亚马逊并没有提供那个"记住登录状态"的复选框。

现在它知道了你是谁，亚马逊的首页就会基于之前的购买记录，列出它认为你会喜欢的商品（图 6.7）。你可以结账，查看心愿单，查看或修改之前的订单等，一如登录后的用户通常所期待的。目前为止，中规中矩。

现在，关闭你的浏览器，再重新打开它，回到亚马逊。它仍然（或者说又一次）展示着你的个性化主页（图 6.7）。这是默认的，尽管你没有要求亚马逊记住你的登录状态，它也没有提供这样的选项。到底发生了什么？

图 6.6　普通的亚马逊登录页，注意此时没有"记住登录状态"的选项

图 6.7　在用户首次登录过后的亚马逊首页

　　就像大多数商业活动一样，亚马逊主要通过顾客的重复购买来获利，它在用户体验设计上的优化目标也在于此。亚马逊觉得既然你曾经登录过，并且在这之后也没有其他人登录过，那很有可能是你又回来了，那么对于亚马逊和你自己来说都会乐于从之前离开的地方继续你的浏览旅程。

此时你并没有完全地登录。你处于一个有点儿模糊的，半身份验证状态。"我们觉得你可能是（这个人），但还不确定。因此，你只能走到这里，不能更进一步了。"亚马逊这样想。在这个页面，你可以查看为你推荐的商品，这也是亚马逊鼓励你购买更多商品的核心机制。你还可以查看或修改心愿单。甚至可以通过"一键下单"来下单，如果之前配置过的话。因为你之前成功地从"一键下单"设置的地址收过货，亚马逊觉得不做进一步的验证就再送到那个地址也是 OK 的。

而如果你想要使用标准的结账方式，或是想要查看订单，你就得重新登录了。亚马逊会自动跳转到登录页面，如果你点的链接需要身份认证的话。注意，当你从这个中间状态登录的时候，登录页已经帮你把 Email 地址填写好了，并且还多了一个复选框来记住你的登录状态（图 6.8）。如果你选中它，亚马逊会在接下来的两周内让你保持已登入状态。这样你不用做额外的认证就可以查看订单或是从购物车结账了。但是如果想要修改账号设置，比如送货地址，那就还得重新登录。要是选择发货到一个全新的地址，你需要重新输入一次信用卡号码。

图 6.8　当亚马逊觉得它知道这个用户是谁时，登录页面长这个样子。注意 Email 字段
　　　　已经预先填好，下面还有了一个"记住登录状态"的复选框

你会发现亚马逊实际上设定了一个逐级递增的权限系统，基于距离你上次做身份验证的时长间隔。三个级别见表 6.1。

表 6.1　亚马逊基于近期身份授权状况设定的用户权限级别

权　　限	最近一次授权的时间
查看推荐商品，使用心愿单，一键下单	任何时间（只要没有明确地登出）
通过购物车购买，查看或修改订单	当前会话，或上次登录并选择了"记住登录状态"两周之内
修改账号设置	仅限当前会话

　　显然，你也可能在别人的电脑上浏览亚马逊网站。可能是某个你信任的人，比如家庭成员。或者也可能在一个不被信任的环境里，比如公共图书馆。亚马逊允许你明确地登出来清除浏览历史。但是这个需要你花点工夫找到并使用。登出选项藏在你的账号下拉菜单底部（图 6.9）。甚至这个文字标签页就说明了它并不是给日常使用准备的——"不是 David 吗？登出"，如果换成"在图书馆里有被害妄想症的 David 吗？登出"怎么样？我很好奇亚马逊的远程数据监测会显示有多大比例的用户做过这个操作。

　　亚马逊计算过它的最大利润来源就是这种持续的关系，成为用户想要买点儿什么时候的默认选项。刚刚用完最后一点儿牙线？没关系，拿起床边的 Kindle 再订一份。"买了 Tom's of Maine 牌牙线的用户也购买了 Tom's 牌的牙膏。"想要吗？没问题，有我就够了，为什么不呢？我们可能越来越听话。

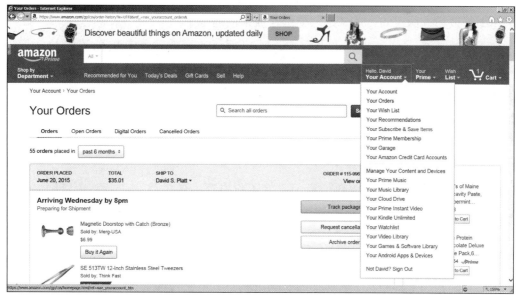

图 6.9　亚马逊首页上的登录选项

这就是亚马逊在下一次会话时默认记住用户身份的原因：这样它可以赚更多钱。这样做会带来副作用吗？当然有可能。假设你在一台公共电脑上下单购买了商品，然后忘记登出了。这样下一位使用电脑的人就能看到你在浏览什么，或是近期购买了什么。这多多少少会和你本人的特质关联起来，尤其当你住在一个小镇的时候。图书馆里面某个幽默感糟糕的人也许还会通过一件下单给你预定一件让人尴尬的物品。

但亚马逊又在算了：我们的用户在公共电脑上下单的几率不可能比个人的电脑更高。不说绝对没有，但总体来说肯定低得多。另外如果他们在公共电脑上下了单，他们可能会更加谨慎然后做了登出操作。如果他们没有呢，公共电脑大多会在每次换人使用的时候重启。如果也没重启，那么下一个使用者应该不会做什么坏事。她可能把你的心愿单清空，或是加了奇奇怪怪的东西进去，并不算做出了太大的损害，而我们猜她也不会。如果她想要下单，我们会限制为只能发货到"一件下单"设置好的地址。你可能会发现这个订单并取消它。如果没有呢，我们会提供免费退货，也许再给你一张 20 美元的优惠券，这样你也许还会去社交媒体上对我们称赞一番呢。

亚马逊算过花钱处理这种问题比放弃浏览器的会话来防止出现问题更划算。这种无时无刻不在的与你的生活的连接，会给公司带来更多的钱，非常非常多的钱，远超那些被坏人偷走的。这又是一个治疗成本的问题了。

亚马逊不要求强密码，也不会强迫你定期修改密码。我在前面解释过，后面一种措施给安全性带来的提升微乎其微。不同于企业、政府或是教育机构，亚马逊将会为糟糕的可用性买单。如果一个顾客访问亚马逊的时候被要求重置密码，她可能很容易就愤而离场转投其他网站了。亚马逊通常价格还不错，但早已不是全网最低的那种了。而亚马逊提供的，是一个值得信赖的名字，优秀的客户服务，以及拥有绝对优势的简单易用性。

另一个接受相对简单密码的原因是它不仅有这一道防线。亚马逊送货到一个特定地址。如果它某次成功投递到了你的地址，它就知道了这个地址是好的。一个冒出来坏人通过某种方式盗用了你的账号肯定想要送货到其他地址。但是亚马逊在你选择发货到一个新地址的时候，会要求重新输入一次信用卡号码。如果这个坏人把你的钱包和信用卡都偷走了，那你的麻烦可就不只是亚马逊了。

亚马逊还有更多幕后的安全措施。它会持续地检查账号的使用模式——这次交易符合你的过往模式吗？信用卡公司也和亚马逊展开合作。那些昂贵又容易被转卖的商品被限制为只能发货到你的信用卡账单地址。有一次我的一个客户试着买一台电脑给我，用于他找我做的一个项目，但是亚马逊并没有直接发货到我的地址。过了一会儿，我收到一个来自亚马逊，或是我的信用卡公司的电话说："您真的预定了（那个商品）吗？"和大多数情况一样，没错。"很好！感谢您使用（什么什么服务）。"而如果不是，他们会在我之前阻止这种欺诈的发生。这是一种深入的防御策略。

　　我不是说在所有应用里，亚马逊把安全性和可用性的平衡做到了最好。它可能比起你的银行太过宽松，后者会在每次你的操作的几分钟后自动留存记录；比起你订阅的杂志又太严格，后者无论什么情况都不会记录你的行为。从上面的分析中你需要获得的是以下三点：第一，亚马逊对于调整安全性和可用性上的平衡，做出了仔细而深入的思考；第二，亚马逊通过持续、重复、设身处地地了解用户，来完成上面的决策；第三，亚马逊通过正确的权衡利弊，赚了成堆的钱。那么，你也一样，仔细地调整好安全等级，通过站在用户立场的方式。

6.6　给我们的应用建立安全性

　　现在我们知道了用户想从产品中获得的（绝对的安全，绝对的好用）以及他们愿意为此去做的（越少越好，最好什么都没有），那我们该怎么做呢？

1. 理解我们用户的麻烦预算

　　和用户体验中的大多数东西一样，安全性上也很少有绝对好，或是绝对坏的情况。对于掌管着你百万退休金账户的基金公司来说明智、合理，同时用户也愿意接受的安全级别，放到 Candy Crush 游戏身上就太过了。一开始就搞清楚用户的麻烦预算，利用它来工作。谁是用户？建立你的用户画像。米莉阿姨想要解决什么问题？我们来编辑用户故事。如果不使用你的产品，在今天他们还有什么其他替代方案可以达成他们的目标吗？试试问这个问题："为了得到你的产品，他们愿意对你百依百顺吗？"通过这种故意挑衅的方式，集中精力来减少你的应用中需要麻烦用户的地方。

　　等你搞明白这种麻烦成本之后，再去想想当用户感觉你的产品超出他们麻烦预算后，他们可能会用哪些变通手段？在个人消费领域，他们很有可能会直接走掉，然后你的投入就打水漂了。在企业系统领域，人们往往没有对软件的选择权，就倾向于想办法找变通方法了。例如,我见过一种情况就是当电脑一段时间无操作的时候,某个网络就会自动登出账号。有些技术型用户非常讨厌这种情况,特别是当这个间隔时间很短的时候,他们就会下载或者自己写一个小应用来模拟电脑活动,来避免触发自动登出。你的用户又会怎么干呢?确保他们不要杀死你的app。如果他们确实做了,回去重新思考一下你的安全策略,想想那个卫生间门锁的故事吧。

2. 从好的默认设置开始

再次强调,一个app的默认设置至关重要。而安全性方面的默认设置又是重中之重。

很少有用户会修改他们的默认设置。很多人不知道他们可以修改,还有些人找不到从哪里开始。还剩下一些人觉得比起带来的价值,修改设置没准儿会带来更多的麻烦,害怕破坏了目前这种仍能工作的配置。UI大师Alan Cooper认为修改默认设置可以作为识别高阶用户的一种特征。回想一下我平常在用的app,在这种说法下,我可能从来都不是一个高阶用户。

来看看微软的Outlook。和大多数用户一样,我会收到大量垃圾邮件、广告或欺诈。回到1990年,我记得在收件箱里的一封邮件上面点右键打开情景菜单后,会发现“垃圾邮件”这一项,我想说“啊!Outlook知道怎么对付垃圾邮件。很好,我来用一下,把这些垃圾都弄走。”但是当我选了那一项之后,Outlook打开了一个配置向导,要我回答几条完全搞不懂的问题。要是不管这个邮件过滤器就不会工作。它坚持要我思考。在这个人类的(懒惰、健忘、不愿合作的)世界里,我只想对它说消失吧,然后关闭了向导,再也没有碰过。

而目前新版本的Outlook,应用了一个合适的默认设置。当新收到的邮件有明显的垃圾邮件特征时(大多数用户不知道Outlook是如何识别的,也完全不关心,只要在大多数情况做对就行了),它会自动被放进垃圾邮件分组中(图6.10)。它几乎从不出错,而即使出错我们也可以轻松地纠正。

你可以修改配置来改变这个行为。但是这个对话框比较难找。你得右键点击一封邮件标题,在菜单里选中垃圾邮件子菜单,然后点击最底下的垃圾邮件选项。远程监测会提供一个准确的数字,但不会有很多用户见过这个对话框的,更别提修改它了。

图6.11显示了默认设置。过滤级别为低,只捕获最明显的垃圾邮件。包含诱骗信息的邮件中链接会不可用。如果邮件地址中包含可疑的域名,你也会收到一条警告。

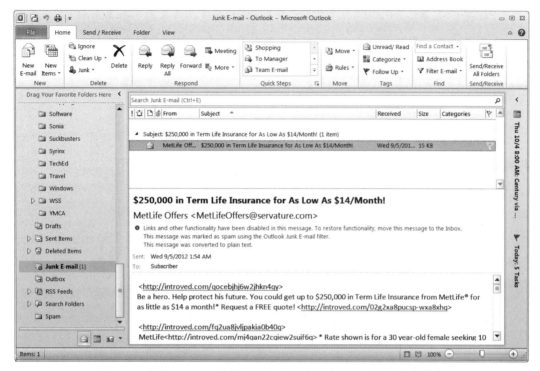

图 6.10　微软 Outlook 默认将垃圾邮件自动发送至垃圾邮件文件夹

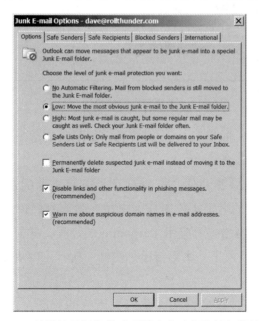

图 6.11　微软 Outlook 的默认垃圾邮件选项就会自动把垃圾邮件放到对应的分组里

这些设置不算完美。任何默认的设置都可以说是一种妥协。并不是所有这些复杂的配置都真的有用（比如，你可以阻止来自某个特定来源的所有邮件），但却让微软和它的 Office 功能越来越臃肿。这家公司在默认设置上做得不错。你也应该把这个做好。

3. 做决定，而不是发问

"Dave，过来一下！我的电脑又出问题了！"每次当妻子从房子另外一端这样朝我喊叫的时候，我真的很烦。我只知道又有什么糟糕的事情发生了。超出我女儿们（现在一个 13 岁，一个 15 岁）能力之外的事情，你知道，如果十几岁的孩子都搞不定，那一定是很严重的问题了。

她正在对付来自诺顿网络安全软件的一个对话框。如图 6.12，对话框上面说："carboniteservice.exe 正在尝试连接网络。此程序在上次使用后已被修改。"然后就问是否允许它访问互联网。

图 6.12　诺顿网络安全软件的对话框

这件事有多愚蠢呢？如果 Norton 的智囊们都不清楚这个程序是否应该被允许连接互联网，我妻子又怎么会知道？

在这种情境下，换做我和你，声称自己是电脑专家的这群人，又该怎么处理呢？我们知道一个进程的名字不代表任何事情。就算我们认定诺顿正确地识别出了这就是我们安装的那个网络备份应用 Carbonite 的进程，我们又怎么确认这个被修改过的 Carbonite 是成功获得了一次更新还是受到一次常见的攻击，也就是被坏人劫持了呢？

我们不能，也不该被这样询问。我们买诺顿的原因，不就是为了获得电脑安全领域顶级的大脑吗？作为一个"网络安全"产品收了用户的钱，意味着你知道该怎么处理这种情况。如果风险很低，诺顿就不该来烦我。如果风险不低，诺顿就更不该来问我怎么办了。

那么诺顿到底是怎么想的？有一次我在一个行业会议上演讲，旁边的会场在举办一个不相干的电脑安全会议。当我在茶歇时间溜到旁边会场那里蹭免费啤酒（我们这边只有果汁）喝的时候，我看到一个家伙戴着诺顿的工牌，马上走过去问他那个对话框怎么回事儿。他说这个对诺顿来说是绝对合理的："我们是让用户知情，并获取他们的同意啊。"

抱歉，这个可说不通。获取许可的前提是当你理解了目前的情况，以及每个行为可能造成的后果和对未来的影响。普通的用户做不到这些，非安全领域的电脑专家都不行。在这种情形下，知情并给出许可根本就不可能。

我又打开一罐啤酒，还给了那个诺顿员工一罐，毕竟是他的会议买单。他没有放弃争论。"这就像是一个医生告诉了你各种风险，让你自己选治疗方案啊"，他这么说。

不，这不对。诺顿把这个对话框甩到用户面前就像是一家航空公司问乘客现在的天气适不适合起飞。乘客是没有能力来做这种判断的。做这种决定需要专家级别的技术知识并且只应该由受过专业训练拿到专业认证的、需要为乘客安全负责的人来完成。这种模式在航空业运行良好，我们也应该一样。

我们看到这个对话框其实最有可能是因为律师。诺顿的律师告诉开发者们："如果你不确定，那就去问用户，然后你就可以撇清关系了。之后如果出了差错，就是用户自己的问题。"我并不同意。把这一切做对是我们自己的职责。

来看一下另一个例子，图 6.13 中的对话框。它说了在目标服务器上似乎有某种安全认证相关的问题。

这又是什么东西？你真的觉得米莉阿姨会去读这一段话，理解它的意思，然后做出一个有意义的选择吗？也许她想要访问的缝纫网站被黑了，也许没有，但是这个对话框毫无帮助，一点儿都没有。

这个说法绝对准确，因为很多合法的网站甚至会给出一篇说明文章来告诉你请忽略这个对话框。在我为本书搜集资料的时候，Google 搜索第一页的结果中，就有俄克拉玛州政府网站、印度领事馆网站等包含这一项说明。

这个对话框不仅没有用，还降低了人们对于这一类安全性信息的敏感度。"狼来了"的故事从伊索寓言的时代（公元前 620 年）就有了，这已经不是新问题。同样的行为，造成同样的结果，一点儿也不令人惊讶。

图 6.13   一个无用的认证错误对话框

最糟糕的是，你几乎从来不会在真正的恶意网站上看到这个对话框。就像 Herley 写的，"攻击者知道没有认证比显示警告好得多。实际上，据我们所知，从来没有一个用户被证实过因为这个认证错误警告而避免受害，从来都没有。"

图 6.14 显示了一个更好的例子。页面里包含一些内容，可能是广告，获取此存在认证错误的服务器。IE 简单地屏蔽了它们，而不是去询问用户。它通过底部的一个通知条来告诉用户，比一个对话框友好很多。IE 的决定是直接把错误放到一边而不是去请示用户。对于那些依赖广告的人可能会去调查找出原因，但是对于大多数用户来说这省了很多麻烦。这比丢一个没法知道答案的对话框到用户面前好得多了。

我们这些开发者们是专家，用户依赖着我们。我们不能丢弃自己的职责，而转向某个不大可能知道的人去征询意见。在计算机领域，知情并同意就是一种迷思，而那些声称通过它就可以撇开自己职责的公司，完全是在推诿。做决定，而不是提问。如果你不好决定，还是要做出决定。因为你的用户绝对没法做决定。

4. 用你的用户画像和用户故事技能来沟通

在整个开发团队中，负责安全性的极客们可能是和用户沟通最少的。通过善加利用你的用户画像和用户故事技能，你可以让这些安全开发者们也对用户以及他们的麻烦预算感同身受，然后他们才会真正做出明智的判断。

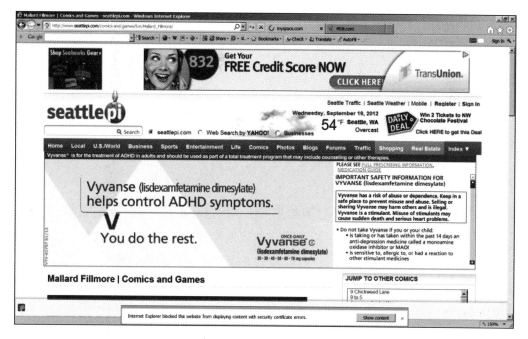

图 6.14　IE 做决定，而不是提问

因为我们要对用户负责，所以把他们的需求和疑虑告知给剩下的产品设计团队成员也是我们的工作。这也是尽早做出用户画像、用户故事的另一个原因，因为它将会支配安全性设计上的决定，在我们完成开发之前。

假设在开发一个网站，并且正在讨论账号登录方面的需求。你可以说："看，这就是我们的用户。她叫米莉阿姨，今年 68 岁了，视力已经不大好。她的孙子们会帮她把这个设置好，但是只有她自己会在日常生活里使用。我们真的有必要让她每天都输入一次密码吗？能不能设置好之后就保持登录呢？我觉得不大需要担心清洁女工打开它然后把阿姨的家谱给毁了。"

试试用一个故事来和程序员沟通，别害怕拨动他们的心弦："可怜的米莉阿姨啊！她今天去了趟护理中心，发现她母亲已经认不出她了。开车回家的路上她泪流满面。她有些绝望地担心自己也终将如此，真的很想在这一切到来之前把脑中的故事和回忆点点滴滴都记录下来。她打开电脑，点击桌面上（孙子已经帮它设置好）的快捷方式图标，等着网站加载。该死！这个愚蠢的电脑要她输入密码。密码在哪里呢？她四处找了找，但是那张便利贴从显示器上面掉落一时找不到了。就不能让她保持登录吗，就像 AARP 网站那样？"感觉了羞耻了吗？至少我有。

5. 用数据让你的故事更有说服力

和用户体验设计上的其他决定一样，任何安全性上的决定都面临一个主要问题，就是要了解用户实际上是怎么做的，而不是他们声称怎么做的，或是记得是怎么做的。今天我们可以通过远程数据监测来了解这些东西。由于我们自己，作为用户体验设计者，是远程监测的主要负责人，我们可以用获取到的定量数据作基础，来做出困难的设计决定。

例如微软的 SQL Server，曾经在发布的时候内置了一个叫做"sa"的管理员账号，并且使用空密码。我曾利用它来为之前一本写给程序员的书做一个演示程序，可以不用设置账号就直接运行。这当然很方便。但这并不是密码本身应该做的事情。

SQL Server 其实有一个写成清单样式的安装指导手册，里面就包含了修改默认密码这一项。它假设自己应该由一名合格的专家来安装，但是，作为（懒惰、健忘、不愿合作的）人类，很多用户都忽略了它。然后坏人就利用这种失误通过互联网来攻击 SQL Server 数据库，这一度成为了风潮。

如果那时我们有远程监测，我们就有了数据来这么说："你知道吗？只有 65% 的 SQL 管理员实际上把空密码修改掉了。我们真的应该考虑一下在安装程序时候就要求他们修改了。我们在 Windows NT 是这样做过的，对于专业的管理员来说，这么做应该在他们的麻烦预算之内，对吧？就算他们把密码写在便利贴上粘在服务器旁边，也比受到网络攻击更安全。"

你还可以获得数据来说："HIPPA（可携带式健康保险法案）条款中规定了当系统在'预设的一段时间内'没有活动，就需要自动登出。当我们设置为 10 分钟时，我们发现护士们平均每天要登录 22 次，每次要花费 30 秒。我们能试试别的方案吗？比如让超时间隔再长一些？支持指纹识别登录怎么样？我的银行就让柜员这么做的，药房里面也是。或者用一个 RFID 读码器来识别我们的工牌，就是我们用来进入办公室门禁的那个？ Windows 10 的面部识别也很酷。你觉得它真的有用吗？要是一个人某天把胡子刮掉了还能通过吗？"等。

如果你有一些不错的可用性测试视频，它们会让你在表达用户感受的时候给你带来很大的不同。利用第 4 章中的技巧，你可以在用户身上使用多种选项，然后记录下他们的反应。有时候这些视频有很强的说服力。口头说"我们的用户已经抓狂大叫了"是一回事，直接用视频来观看用户们对主持人一会儿热情，一会儿抱怨，还有气得把免费的甜甜圈扔在地上就是另一回事了。

6. 与其他安全层配合

安全性是一个多层启发式的过程。不论是用户行为层，还是其他层，都不能离开别人而独自工作。其他层也是整个过程的一部分，并且将在（至少大多数情况下）某一个层失效或被绕过时作为后盾。

我曾经买过一张纽约地铁的交通卡（一种储值卡），用信用卡付的钱。那天晚些时候我觉得还需要另一张交通卡，就试着再买一张。售票机第一次接受了我的信用卡，第二次却拒绝了。我打电话给信用卡公司，感觉很烦，想搞清楚为什么不能用了。客服告诉我这是他们的防损失算法。当一张卡被盗时，通常坏人会赶在挂失之前赶紧把它用掉。交通卡在纽约是一种最容易转手的商品，每个生活在这所城市里的人都需要它。他们通常会选择半价销赃。因此，信用卡公司遇到一张信用卡在同一天第二次购买交通卡的情况时，会做一个延迟交易操作，因为这可能是坏人做的。如果是我本人想要，她可以授权本次交易，或者就等到明天再买。

这就是一种安全层之间的配合。你不是一个人在战斗。别试着只从用户端解决问题，因为这根本做不到。

7. 读一本好书

你应该读一下 Bruce Schneier 的《 Beyond Fear:Thinking Sensibly about Security in an Uncertain World 》。他是世界上电脑安全领域的顶级作者，并且深刻理解人这个因素。看看本章一开始的引文吧，他绝对赞同安全性上的措施在让你得到好处的时候也意味在其他方面会有所损耗这个概念。这本书很迷人，他写得很棒，为了给自己上一课值得一读。

8. 言归于好

安全性与可用性的专家们经常把对方视为对手。Scott Adam 用了一则漫画给这种情形煽风点火，他塑造了一个叫守卫者 Mordac 的角色，Mordac 认为安全性比可用性更有价值，相信在一个完美的世界里，没有任何事是可以被用户所利用使坏的。在 Dilbert 跟新的密码要求斗争的时候，Mordac 在一旁奚落他[⊖]。

你有没有试过和负责安全性工作的人们坐下来闲聊一下呢？不需要和工作内容有太大关系，就只是"嘿，最近如何啊？红袜队今年是不是不行了啊？"，没有人这么做真是令人惊讶。他们一开始可能有些猜疑，但是如果你不会立即尝试讨论

　　⊖　可在这里查看原漫画 http://dilbert.com/strip/1998-04-06。——译者注

他们工作的话题，他们会慢慢对你打开心扉。试试拿一盒甜甜圈作为投资。讲一个《Beyond Fear》那本书中的案例。如果可能和他们一起吃午饭，也许提议筹建一个安全性 – 可用性讨论小组。他们可能不会有很大热情，但也不会有很大的抵触。

6.7　关于安全性最后想说的

我把最后的话留给 Cormac Herley 来说，节选自他的另一篇卓越的论文《More Is Not the Answer》：

> 很容易落入这样的陷阱，就是以为找到合适的词语或口号，就能说服人们花更多的时间在安全性上。或是用各种花招来诱劝用户增加投入的精力。我们认为这个角度就完全是错的。它是以用户在花费 – 收益的权衡上犯了错为前提的，而大量证据说明这个前提本身就是错误的。问题不是我们提供的产品缺少吸引人的卖点，而是它能提供的投资回报太低。在要求用户增加负担的情况下，确实有很多方式可以来降低潜在的风险。然而，当答案总是"做更多"的时候，它们听起来可不像是对于来自用户群体疑问的真正答案。人们迫切需要的是在同等负担、甚至是更低负担的前提下，获取更好的保护。比起让技术人员说服用户把低价值的资产视为高价值，我们更需要适合这份价值的建议和工具。

第 7 章

让它能胜任工作

当你的软件准备好发布之前，你会在各种情景下运行它来彻底地测试。

用户体验也需要做同样的工作。在发布给用户使用前，你需要做一次最终审阅，保证你做好了一切可能的工作来让它易于使用。本章提供了一套框架来帮你完成这项工作。

7.1 一切的关键

先锋飞行员圣·艾克苏佩里（1900—1944）曾说过，"完美不是加无可加，而是减无可减。"这句话不仅适用于航空业，也适合我们的用户体验设计。在我们发布一个网站的时候，我们需要检查并毫不留情地去除那些不必要的用户负担。

软件和网站通常都是特性驱动的。一些用户想要公式编辑器，另一些想要左手模式等。他们都说自己想要一个简单干净的用户界面。但是，必须把我要的特性做进去。对于简洁性和易用性的呐喊声被混杂在一起的各种小群体的利益所淹没。这有点儿像是政府预算面对的状况。

为了和这种不断滋生的复杂性战斗，你在发布的前夜、一周或一个月前就不该再塞进去任何一个新特性，而应该再梳理一遍用户体验，并问自己"我还能更进一步地简化用户的任务吗？还能让这个 app 更易于使用吗？"。

本章提供了一套框架来指引你完成这些。在你准备好交付给 QA 环节之前，你需要检查所有这些方面。理想情况下，你本该贯穿整个开发阶段做这些事情，就像是在整个开发过程中都需要测试代码一样。但特别是在发布之前，你应该暂停一下，特别关注一下这些问题。你可以把它们当成十诫的形式来看：

- 从好的默认设定开始。
- 记住一切你应该记住的。
- 使用用户的语言讲话。
- 别让用户去做本该你做的工作。
- 别让边缘情况支配主流场景。
- 别让用户去思考。
- 别让用户来确认。
- 支持撤销。
- 恰到好处的可定制度。
- 引导用户。

7.2　从好的默认设定开始

为你的程序选择出正确的一组特性，甚至正确的可配置选项都还不够。你还需要找出最适宜的默认设置，以便尽可能多的用户可以不经思考马上用起来。这意味着你必须搞清楚谁是你的用户，因为他们和你自己肯定不同。怎么才能确定默认的设置应该是什么样的呢？

有时候你需要从商业运营数据来推断正确的默认设定。来看一下我们在前言部分讨论过的 UPS.com 网站，如图 7.1。UPS 强迫首页的访客选择一个国家，否则什么也干不了。而它本该自动嗅探访问者的 IP，根据所处的位置设定好默认的国家，就像 Google 一样，但是显然 UPS 并不想花费程序员这么一点点时间，取而代之的是让每位用户每次都要做这个操作。

如果 UPS 没有在一开始推测用户所在的国家，那么这应该是它的第二个选择：根据 UPS 自己的数据，它的用户群中 87% 来自于美国，13% 来自海外。如果 UPS.com 把它的默认语言设为美式英语，那么每 8 个用户中有 7 个就更高兴了，剩下的一个也没有比之前更糟。这听起来不错吧。我很难想象 UPS 的设计师会站出来说，"我们让那 7 个美国人也麻烦一下吧，这样剩下的那个外国人就不觉得孤单了。"但是这就是他们最终的设计选择。有时候根据商业运营的数据来设定默认值是很合理的，上面的例子就完全符合。

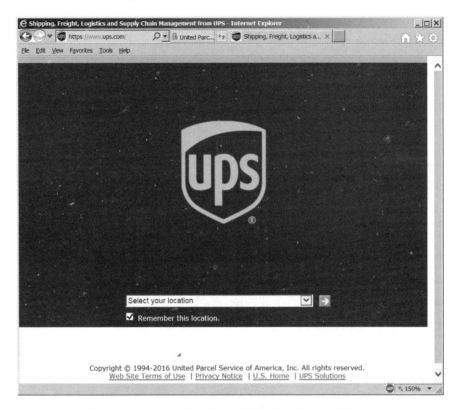

图 7.1　UPS.com 的首页需要用户自己选择所在的位置

有时候你可以根据上一版软件的远程监测获得的用户数据来选择默认设定。例如，微软 Word 2003 版默认的工具条上有一个快速打印按钮（图 7.2）。和显示一个对话框来处理各种细致的打印设置不同，这个按钮就是简单地将当前编辑的文档在默认的打印机上面打印一份出来。

但是在 Office 2010 上面，这个已到了更上方的默认的快捷工具条中没有快速打印按钮了，尽管它上面有保存、撤销、重做（图 7.2）。快速打印按钮可以简单地加进去，但是不是默认的了。你可能觉得每个用户都会想要快速打印，因此它应该默认在那里。但如果 Office 团队有远程监测数据证明用户并不在乎这个快速打印的话，我愿意收回我的抗议。

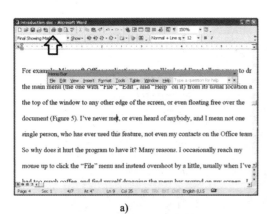 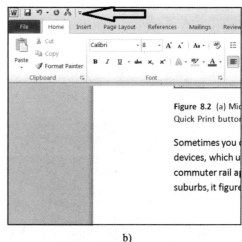

a)   b)

图 7.2   a) Word 2003 默认工具条上有一个快速打印按钮，b) Word 2010 工具条上没有
这个按钮了

　　还有些时候，你可以根据用户使用你的 app 时的场景来决定默认值。这一点对移动设备尤其适用，它们经常可以根据当前的位置提供有用的信息。这里是下一章会详细讨论的一个通勤铁路手机 app 案例。当你开发这个 app 时，它会感知你现在的位置。如果它发现当前位于郊区，就知道你很可能往进城方向走，因此它自动选中了回城方向的时刻表（图 7.3a）。如果它发现在城区，就会自动选中出城方向的时刻表（图 7.3b）。这对于大多数用户大多数情况下都是正确的。就算不对，用户也只需要点一次就能看到他想看的那个时刻表。你想想，如果它每次打开时都去问用户"你想看哪个时刻表，出城方向还是进城方向？"，那该有多么烦人啊。

　　我见过的把默认设定用得最好的案例就是亚马逊那个获得专利的一键下单功能了（图 7.4）。作为普通的添加购物车按钮的补充，亚马逊在每个商品详情页放置了一个立即下单的按钮。轻轻一点，嗖！这件商品就下单了，将会送到你的默认地址，用你的默认信用卡支付。我因为买了太多东西而不得不专门关掉它，这就是好的默认设定的力量。

　　时常问自己：你的应用有没有使用好的默认设定？

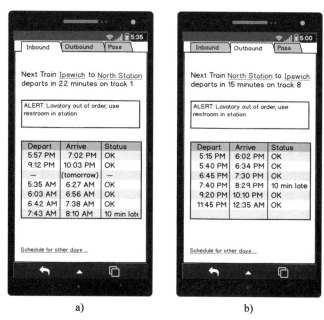

图 7.3 a) 通勤铁路 app 发现它处于郊区时，会默认显示进城方向的时刻表。b) 同样是
这款 app，处于城区时就会默认显示出城方向时刻表

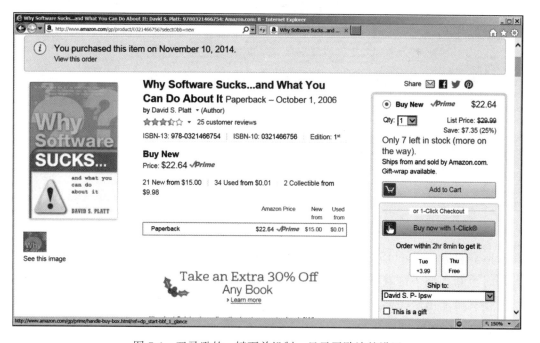

图 7.4 亚马逊的一键下单机制，显示了默认的设置

7.3　记住一切应该记住的

"我能记住每一张脸，"Groucho Marx 俏皮地说，"但对于你，是个例外。"这也是我们的程序应该做到的。通常来说我们应该尽可能记住关于用户上一次使用我们系统时的一切。有时候，有些地方是个例外。比如，明确地清除了浏览器的搜索记录，以防止下一个用户知道我们访问过什么。但是大多数情况下，我们的电脑程序都应该记住我们的偏好，并在我们下次使用时自动按那种方式来运行。

来看一下 PatientSite 病患门户网站（将在第 9 章详细讨论）。这个网站的用户群体偏向于年长人士，因为这是经常患病的群体。年长用户在视力上不如人口平均水平，所以 PatientSite 提供了一个增加文字大小的机制，就像很多其他网站一样。图 7.5 显示了这个组件。

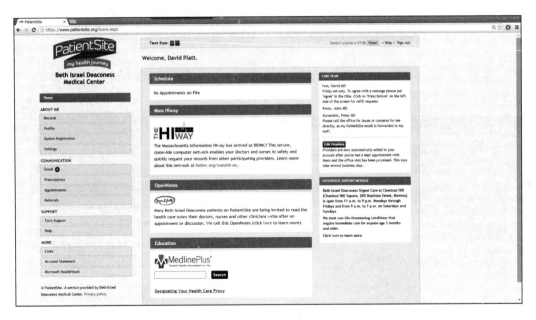

图 7.5　PatientSite 网站上的字号设置组件，在网页的左上角

不幸的是，PatientSite 并不会在每次访问时记住之前的设置。用户不得不在每次使用时重新调整，这就做错了。如果一名用户在星期一需要用大号字体，那么星期二时很有可能仍然需要，星期三也一样。这个网站应该记住这项设置，并且在随后访问时自动应用。

因为医疗内容的保密性，PatientSite 在未登录状态下不会显示任何个人信息。当它显示这个首页给你的时候，它已经知道了你是谁，并且可以获取你的所有医疗数据。没有任何技术上的原因让它不能存储一个字号设置。他们应该做到这一点，你的应用也一样。

> **笔记**
>
> 有件要说明的事情是文字大小调整其实不应该由每个网站来做。背后的思考是如果一个用户在使用网站 A 的时候需要大号字体，他在使用 B 站 C 站的时候也同样需要，剩下的网站中也一样。因此，正确的解决方案是使用浏览器内置的缩放功能。如果因为这个原因去掉了网站中的字号设置，我们就没什么好抱怨的。但是只有网站上还保留这这项设置，它就应该在下次使用时使用相同的选项。

时常问自己：在每次使用你的应用时，它是否记住了一切应该记住的信息？

7.4　使用用户的语言讲话

"网络不能用了"，我妻子说。所以我问她："你的浏览器打不开了吗？还是 TCP 连接不能通过验证？还是你要看的网站宕机了？"她不知道这些词是什么。她只知道"互联网"，而现在它没法给她想要的东西了。

用户学习技术，就像我们学习任何其他事情一样，都是把名字和某件实物关联起来。用户会选择一个对他们自己来说合理的名字来记住和理解一件事物。这些名字很可能并不是程序员开发它们时起的那个名字。

对于技术服务人员来说，经常遇到的一个问题就是需要搞清楚用户在描述他们电脑出的问题的时候用的那些名词实际上指的是什么。我有一次（很多年之前了）在和戴尔的客服沟通时，被他一直在说的" my laptop"这个词弄得很困惑，因为它的帮助材料中针对我使用的那款产品一直使用的词是"notebook"。

用户没有义务去学习你给事物分配的名字，就算你希望那样。你应该去弄明白用户说的那个名词到底是指什么，并且用这个词汇来和他们交流。

比如，我最近在一个网站上给我的空调选购一些滤芯。当我结账的时候，我必须要选择一个送货方式。图 7.6 显示了这个网站上令我困惑的选项。

我想要 9.9 美元的"智能邮递"吗？还是多花 63 美分选择"送货到家"？这些

都是什么啊？智能邮递不送到我家里吗？如果不能，怎么配说是智能呢？那么它送到哪里？当然我想要送到我家。另外这些送货方式要花多长时间呢？结账页面并没有告诉我。

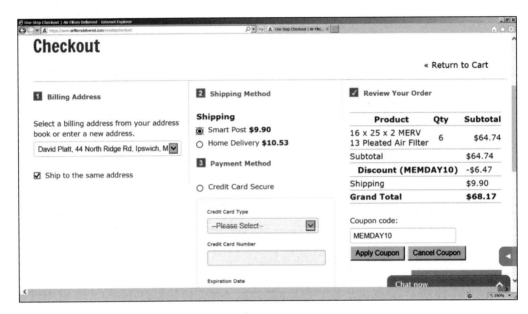

图 7.6　难以看懂的送货选项

这个网站使用了送货公司为各自的特定服务起的名字。我不了解这些名字的意思，也并不想了解，直到今天也没搞懂。直到我在网上四处查找，才明白它们是FedEx 快递公司的两种服务，但我还是不知道每种要几天才能送到。我可能会随便选一个，但是也记不住选的是哪个。最终我会收到购买的商品，但是不确定在哪里收到还有什么时间能收到。

图 7.7 展示了好得多的案例，和以往一样，又是 Amazon.com。亚马逊不会告诉我它用了哪家快递来配送我的包裹，我收到过来自 UPS、FedEx、USPS，还有一次DHL 的，没什么特定规律。它根本不会提快递的品牌和服务名称。亚马逊为我提供的送货选项中用的词汇恰恰是我关心的：时间和费用。免费送货要花两天。如果我接受 5 天免费送货他们还会额外赠送购物券。或者花更多钱获得当天送货。他们用我的语言讲话，而我能很快选出哪个是现在对我最合适的选择。

时常问自己：你的应用在用用户的语言讲话吗？

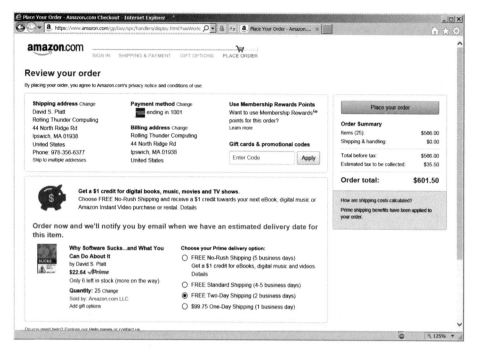

图 7.7　描述清晰的送货选项

7.5　别让用户去做本该你做的工作

我们一整天，每一天在穿越软件世界的时候，都会遇到"请输入你的电话号码（身份证号码、信用卡号码、或其他什么号码），不得包含空格或下划线"这样的提示。如果你没管这个，包含了这些字符，那个应用就生气了然后不让你继续做你想做的事情，多烦人啊。

这是程序员懒得做一件事而强迫用户去做的经典案例。例如，图 7.8 显示了微软在线商店给账号添加信用卡的页面。这可不是一个微软疏于打理更新的遗留或边缘系统，它是 2016 年早期的微软旗舰零售渠道。如果告诉用户说，"把你的数据翻译成计算机程序需要的格式是你的工作。我们可不会帮你做。如果你搞错了，我只会给你显示一个红色的错误消息，说'回去检查检查，你这个笨蛋。'"

这是对待顾客的正确方式吗？很难想象他们是怎么让这个通过设计审验的。他们肯定没有好好地做过审验。多么粗心。多么（原谅我用一个对极客来说最恶毒的词）愚蠢。

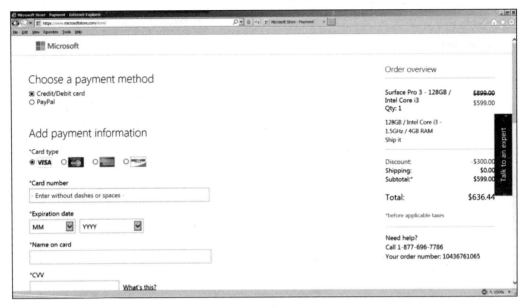

图 7.8   用户在微软在线商店中输入信用卡号码时被强迫要求去除下划线或空格

假设你在和一个人工话务员（还记得他们吗？）对话，预定一个来自报纸分类广告（还记得它们吗？）上的产品。你开始把信用卡卡号报给话务员："四一二六（暂停了）九……"她打断你说："等等，你不能在读数字的时候暂停。现在给我重新读一遍。""哦，对不起"，你说。"我今天正好没把它带在身上，好，重来，四一二六九七八三，呃……""哎呀，你又搞砸了！"话务员对你喊道。"很显然你连电话都打不好，把你的钱留着吧，我们可不想有你这么笨的顾客。"

这样的公司能在市场上活多久呢？不会很长。那么微软呢？对它公平一点来讲，还有很多很多其他的网站在今天依然在这样做。我们为什么能忍呢？

apple.com 做得稍微好一点儿。当你输入了下划线或是空格的时候，输入框简单地忽略了它们。当你输入 45 67-89，输入框中显示的是 456789。至少苹果没有让用户自己做这个工作，尽管当你把输入进去的数字和手中卡片上显示的放在一起比较的时候有点儿奇怪。

和往常一样，这项工作的殊荣又要给亚马逊了，如图 7.9 所示。亚马逊允许用户用任何格式来输入信用卡卡号。在什么位置插入下划线和空格都没问题，就算和你的实体卡片上显示的不同也没关系。亚马逊会自动去除这些元素，在内部拼接出完整合规的卡号。它甚至聪明到从你的数字推断出信用卡类型，因此你不用自己去选了。

图 7.9　亚马逊明智地接受任意方式的卡号输入模式。注意选中的 Visa 类型，这是亚马
　　　　逊通过卡号自动匹配的

微软的程序员比不上亚马逊的吗？不是，他们都很厉害。微软没有亚马逊那么想从顾客身上赚钱？这很难想象。微软想做的话完全可以做到，也不会花很多时间。但是出于某种原因微软并没有像亚马逊那样走心地上过这堂课，就是说：如果你想从顾客那里获得他们的钱，最好让他们把钱交给你这件事变得尽可能简单。

时常问自己：你的应用有没有强迫用户去做本该你来做的事情？

7.6　别让边缘情况支配主流场景

极客们经常会给应用里塞进去一些他们觉得很酷的特性，忘记去思考和分析它们带来了哪些帮助又引入了哪些障碍。如果有人质疑，他们会坚称有些用户有时候会需要这些特性。他们没有意识到的是一个特性对于不在乎它的用户来说就很容易变成一个负担。

我们来看一下 DiscoverBulk.com，这个网站会为你展示各种提供食品批发业务的店铺。和大多数零售网站一样，它有一个店铺查找页面，如图 7.10。我输入自己所在的邮编，点击"找到它们！"按钮。网站会显示出一个我所在小镇的地图，但是上面显示着"没有找到店铺"。这是怎么回事儿？

图 7.10　边缘情况（"有没有在 20 英里以内的店铺"）干涉了主流场景（最近的店铺在
　　　　哪里？）

　　问题出在搜索范围的选项上，在这里默认的值被设定为 20 英里以内。20 英里以内好像确实没有这样的商店，如果加高到 50 英里，还是没有结果，但是加到 100 英里的时候就有一家了，位于 Waterboro，距这里 75 英里远。

　　问题出在哪呢？答案是：搜索范围选项的存在改变了用户给网站提出的问题。"有没有距我 20 英里以内的食品批发店？ 50 公里以内呢？"这不像是用户们常常会问的问题。

　　用户几乎肯定想要这样提问："离我最近的食品批发店在哪？第二近的呢？"看到它们的位置后，用户可能并不一定愿意去那么远的地方，但这就是他们想要知道的，主流的场景。在一个半径内寻找店铺不是经常会想做的事情，也就是边缘情况。在这个网站上，边缘情况干涉了主流场景。

　　遇到类似这样的情况时，极客们经常和我争论，他们会说"你不会想要开 75 公里路程的，所以这个范围选项很有用。"问题在于用户只有在实际看到他们至少要走多远之后，才会去想愿不愿意走那么远。他们不会想："嗯，这些批发店好像很有意思，但是我只愿意开 10 英里车程。它们在哪？"恰恰相反，他们会想要先看到店铺的位置，再去决定下一步的行动。闭嘴，别挡道，给我看。

时常问自己：你有没有为了支援一个边缘情况而让主流场景变复杂？

7.7　别让用户去思考

Steve Krug 以《Don't make me think》为题写了整整一本书出来。买来读一下，你会发现 Krug 说得没错。每当你强迫用户去思考的时候，你就是在冒他们完全不思考的风险。这里是一个实际发生在我身上的例子。

我收到了一封来自 VRBO.com 的广告营销邮件，我刚在它上面租了一周的夏日小屋。我不想一直收到营销邮件，因为想要找一下退订链接，这个一般都会有。当我点击那个链接后，打开了如图 7.11 所示的这个页面，问我想要它这一堆品牌中的哪一个闭嘴不要再烦我。（全都闭嘴行吗？）我怎么知道是哪个给我发的邮件呢？这不是我的工作。是它们发给我的，现在它们反过来问我？这不是让我瞎猜吗？

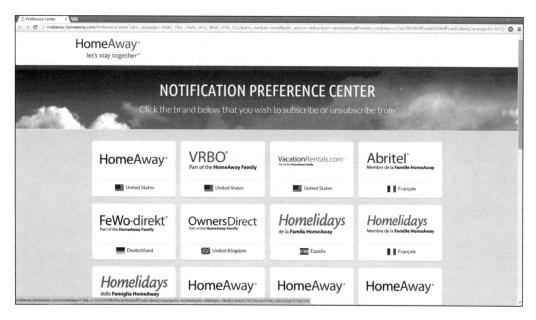

图 7.11　取消订阅强迫用户思考

我只能靠猜点了其中一个。但是现在仍然没有任何线索告诉我有没有猜对地方。取消订阅的复选框没有被选中，我也不知道有没有订阅过现在的这个（图 7.12）。我又接着把顶上的一排品牌都试了一遍，全都一样。

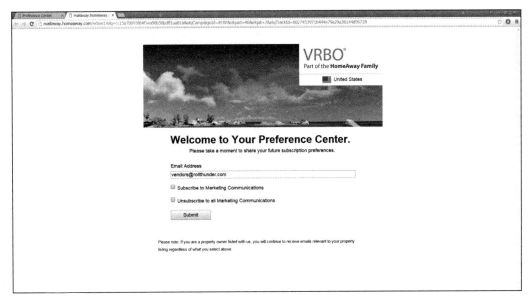

图 7.12　取消表单让用户又一次思考

　　我最终把顶上一排每一个的取消订阅复选框都选中提交了一遍。而且完成的页面还是没有告诉我到底有没有取消成功（图 7.13）。看看吧，笨蛋，当用户说闭嘴的时候，你最好别去争辩。

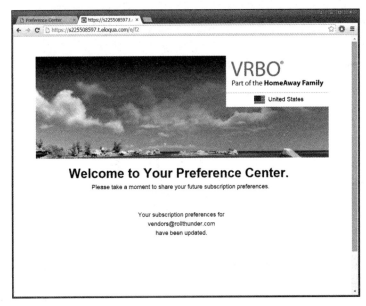

图 7.13　取消确认页面让我再一次思考，我还是不确认有没有取消成功

营销人士也许会说:"可是我们并不想用户取消订阅啊。我们想要他们留下来,所以故意给取消过程设置了障碍。"当一个人已经明确告诉过你他们想要离开的时候,最好就别再挽留。通过麻烦别人来让别人喜欢你就是做梦。

时常问自己:我们有没有后强迫用户思考?

7.8 别让用户来确认

确认最常见的形式,在你面前弹出一个对话框并且问"你确定要这样做吗?"简直令人厌恶。它一点儿也不友好,而且一点儿也不高效。你有过,哪怕一次,会说"啊!我确实不想,多谢提醒",然后点击了 No 吗?你见过别人这么做吗?或者听说过谁这么做?我可没有。这个东西就不应该存在。

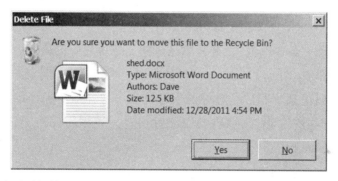

图 7.14 这个对话框并没有阻止错误。回收站本身就让你的操作可以被撤销,从而阻止了数据的丢失

如果这个东西真的能给我们带来安全,我们也许就这么忍了。但是研究一次次表明它并没用。确认被过度滥用而变得毫无用处。因为这个对话框实际上就是不停地在喊"狼来啦!",然后没有人再真的注意它到底说了什么,就算实际上它正在警告一件你确实不想要的结果。你看到它的时候就进入了自动导航状态,不去思考地点击 Yes,就像是一种肌肉记忆。

生活中的其他操作也不会被要求确认。当你在转动钥匙的时候,车子不会问"你真的要启动引擎吗?"。当你把商品放上传送带的时候,超市的收银员不会问你"真的要买这个吗?"。程序员一再地要求确认,因为他们觉得用户对于自己在做的操作会带来什么结果一无所知。这可能是对的,取决于用户界面有多烂。但是一个确认框并不能解决这个问题。如果用户对于某一个操作的入口本身感觉困惑,那么之后弹出的对话框就更是困惑了，他们总是会点 Yes 来让它走开。

而另外一边，错误地相信确认框可以防止用户犯错，会让程序员们有一种安全的错觉。这让他们忘记去清晰地给用户解释他们正在做什么，并且在他们反悔时提供补救，尽管他们之前已经确认过。

超级赚钱的亚马逊一键下单功能，它的作者一开始其实设定了一个对话框："你确定要通过一键下单购买这件商品吗？"对于要不要移除它争论了很久，最后还是 Jeff Bezos 下命令去掉，让它真正做到一键化。因为这个决定，亚马逊的股价创下新高。

但是如果用户真的犯错了怎么办？当你把一个手电筒和一盒规格不符的电池一起放到结账台上，难道细心的收银员不会提醒"你确定要买这个电池型号吗？它不能用在这个手电筒上"？优秀的用户界面也应该像那样来防止我们出错，不是傻傻地问"你确定？"，而是直接避免这件事本身发生。比如在手电筒的销售页面直接包含一个复选框写着"包含电池"，并且默认选中。或者更好的做法，手电筒直接内置一组电池，开箱即用，不去再管电池型号的问题。这样一个设计就真的发生效用了。

有时候，公司里某个职位高过你的人也许会争论并想要那个确认框。在这种情况下，如果不得不把它留着，试试在里面加上一个复选框，写着"下次不要再显示"，然后就让它彻底消失吧。

时常问自己：我们要求过用户来确认码？它没什么用。我们应该想点儿别的办法。

7.9　支持撤销

在你启动车子或是在超市购物时没有被要求确认的另一个原因是这些操作很容易撤销。把车熄火，把商品退货就行了。"撤销"是继鼠标之后最棒的设计发明了。往往要花很多功夫才能让这个特性工作，而用户都不用去注意它（俗话说"简单是最难的"），但是开发这个特性的程序员是用户最好的朋友，我遇见他们一定会请他们喝一杯啤酒。

撤销的美妙之处在于它允许用户自由探索一个程序。从菜单的名字或是工具条上的图标往往很难理解一个程序到底是怎么操作的。但是有了撤销，你就可以尝试各种操作，而不用担心造成什么不可恢复的损坏。程序员们往往觉得用户那些错误的输入是因为傻，应该好好去读一下说明文档。他们错了。这是人类学习新事物的主要机制啊。

没有人 100% 地确认任何事情，问问那些结过婚的人就知道。支持撤销的程序就是认识并尊敬人性的表现，不支持的则好像坚持认为用户是不会犯错的非人类。你会买哪一个？

Windows 和 Mac 上的回收站都是可撤销性的经典案例。它们把东西放进一个临时区域，给你挽救的机会，而不是直接销毁。

如果撤销机制被很好地实施，整个系统就只有一个破坏性的操作了：清空回收站。有些人会说这个操作是需要确认框的，现在也是这样设定的（图 7.15）。但是在这里，确认框避免的问题实际是另一处错误的设计导致的，就是在右键菜单里把"清空回收站"放在了"打开"操作旁边（图 7.16）。鼠标一滑，你就点到了下面一项。这太糟了。清空回收站应该使用一个特殊的操作，比如同时按住另外一个键点击才有效。更进一步，回收站应该按照设定的周期自动清理，那你就不用再手动处理这件事了。你也想让家里的真实垃圾筒这么工作吧？

图 7.15 把"清空回收站"放在"打开"旁边是个坏主意

图 7.16 确认框只是为了防止因为右键菜单设计不合理造成的误操作

类似回收站这样的特性是为电脑程序日常持续的使用设计的，那么对于更短的交互该怎么办？比如，让亚马逊的一键下单可以被撤销呢？它实际上很精妙地处理着这件事。你的一键下单订单会立即出现在订单记录中，但实际上是在 30 分钟后才被执行。在这段时间内，如果你改变了注意，是马上可以在订单记录中取消的。

　　除了在软件层面支持撤销，你还应该在业务层面让操作可撤销。亚马逊的大部分商品支持一个月内退货，如果你买错了或是收到后发现不喜欢的话。甚至 Kindle 电子书都拥有三日退款政策，我可是因为点错按钮用了好几次呢。可撤销性可以在多个层面深挖。

　　时常问自己：我尽可能地让应用中的操作可以被撤销了吗？

　　那些不可撤销的操作

　　刚刚说服完你要让一切操作可以被撤销，现在还是得承认有一些类型的操作是不行的，天生就不可回撤。飞机的弹射座椅（图 7.17a）是一个，对腿做截肢也是（图 7.17b）。

　　极客们可能会说，"好吧，这就是说我们还是需要一个确认，说'你确定吗？'"因为这种天然的不可撤销性，确定我们做出了正确的选择至关重要。但这就更加应该避免那个确认框了，因为它根本不能解决这个重要而严肃的问题。

a)　　　　　　　　　　　　　　b)

图 7.17　a）一个不可撤销操作的例子；b）另一个例子

看一下图 7.17，你会发现这些不可撤销的操作分成了两类：那些时间紧急的，比如弹射座椅；还有那些不紧急的，比如做截肢手术。让我们分开来研究一下。

对于第一种，时间紧急，关乎生命。在图中，飞行员就在 F-16 战斗机撞击地面一秒之前弹射了出来。他可没有时间去处理什么确认框："你确定要弹射吗？真的确定？真的真的确定？"因此弹射功能是立即可用的。

这就意味着第一件要处理的问题就是防误触——当你在附近做其他事的时候意外触发了弹射。图 7.18 展示了美国空军的弹射座椅。你会发现有一个特殊的拉杆来启动它。它被特别地标记出来，而且并不和其他任何东西相邻。飞行员要把它向上拉，这样可以避免因为撞击产生误触。

图 7.18　这个弹射座椅用了一个专门的拉杆来避免误触，放在飞行员两腿中间，需要向上拉动来启动

我们在软件中也应该避免误触。在图 7.15 里，"清空回收站"被放在"打开"旁边。这就好像是把弹射按钮放在空调按钮旁边。当你想要点打开的时候，太容易点成了清空。这变成了确认框存在的意义，不是用户不知道他在干什么，而是他手滑点错了。

如果这是一项紧迫的操作，就像弹射座椅那种，这种情况就完全不能被接受。相反，它应该是一个独特的操作，和其他的都不同，比如在回收站图标上同时按下左右键。这也是为什么会有我们熟悉的三键组合，Ctrl–Alt–Delete，因为它会让电脑重启，没有保存的文件也会因此丢失，所以最初的设计者想要找一种不会出现意外操作的交互形式。这三个键就是故意为双手操作而挑选的。

把座椅弹出飞机是一个昂贵的操作。一架全新的 F-16 战斗机耗费大约 2 千万美元，还不算它撞击地面时造成的损坏。操作它的飞行员也是花了昂贵的费用训练的，而且很少有人有资格能成为 F-16 的飞行员。所以时刻敲打敲打他们直到他们某种程度上能像一台电脑一样工作。直到今天，飞行器驾驶和管理仍然是用户行为学重点研究的一个领域。

显然，你想要避免这些时间紧迫又不可撤销的操作。仔细考虑一下你的业务流程来减少这样的操作。飞行员的弹射座椅是这样的，但你不会想给民航的旅客也弄一个吧。

现在假设时间并不紧要，至少不像弹射座椅那样分秒必争。这种情况下精确度就成了关键因素，而且如果非得花更长的时间来保证结果正确的话，通常也是可以接受的。这类事情远比弹射座椅那种多。

考虑一下手术错误地做在身体另一侧这件事。我们人类身上很多东西都是成对的，比如手和眼睛，其他就算只有一个（比如脊柱）通常也会分出两侧。当病人躺着睡着时，麻醉过的身体和其他人区别也没那么大，尤其是当外科医生这周已经为 12 个人做了手术之后。

在病人错误的一侧做了手术这件事比想象的更容易发生。就像是那个好消息坏消息的笑话："坏消息是我们截错了腿，好消息是另外一侧现在算是更好了。"

《骨与关节手术期刊》2003 年 2 月发表了一篇研究报告称每 27000 例手术中就有一例做在了错误的一侧。这个错误略听起来没有那么高，但是考虑到这项统计涉及的总量，就一共有 242 宗错误的手术案例了。正确的数字本该是零。你可能觉得一名经过高级别训练的手术医生应该每一次操作都至少实施在正确的身体部位吧，但是所有做出回应的外科医生中有 21% 都说在他们的职业生涯中至少一次弄错了地方。而如果五分之一的医生承认了这件事，就算是匿名的，愤世嫉俗的人也很难不去想象实际上的比例会有多高。

那么医疗社区的人们是怎么应对这个问题的？美国骨科手术协会开始了一项称为"标记你的位置"的项目。图 7.19 是它的一张广告海报。在术前和病人的会议中，外科医生用不可擦除的笔在手术实施位置上签上他的姓名首字母。理想情况下病人也要在那个地方做上标记。如果病人自己签不了，就由代理人来签，如果这个也做不到，就由一名护士在验证病人的记录后代签。医院方有一套规则来确保标记的标准化，例如，只有手术实施处被标记了。在手术室中，外科医生在开始前要检查标记，并让另一个手术组成员验证。医院的联系委员会还会指派委员来监督执行。如果外科医生们愿意承认他们也是普通人一样会犯错，如果他们也愿意因为这一点限制自己的自由，那你就知道这个问题真的很严肃。

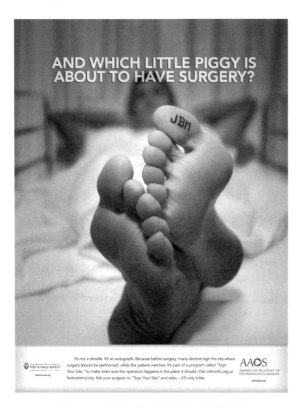

图 7.19　"标记你的位置"项目海报

　　看看这些案例，我们会发现怎样的原则？我看到两条。第一，人们一次只能记住很少的几件事。当外科医生准备开始手术时，他的脑中有很多事情交织在一起。他在操心刚才做完的那场手术，还有下一个将要做的，他还在操心如何领导团队和管理其他参与人。他要是和病人在手术前有一次见面，会减少这些分心。第二，我们会发现两个头脑比一个强。如果当外科医生和病人两个都在操作位置上达成一致，做手术的时候就很难出错。

　　时常问自己：我是否做了能做的一切来避免手滑误操作？

　　时常问自己：面对紧急操作时，我是否做了能做的一切来引入第二个头脑？

7.10   恰到好处的可定制度

电脑上的用户界面有一个优势，就是我们可以让它因人而异，来满足不同用户的不同需求。但也很容易让可定制度膨胀、过度，直到出现混乱的局面。我不是说永远不要支持任何可定制特性，我是说你要仔细地思考哪些应该、哪些不应该支持定制，永远记住把用户是谁，他们想要解决的问题什么，以及他们认为什么才是好的解决方案的特质这些问题考虑进来。

为什么不是一切东西都可以自由定制呢？我以前总是觉得应该这样："这个东西在左边，但我更喜欢在右边。为什么不能放在那边？为什么不把它做成可定制的？别告诉我我应该怎么想。闭嘴，照我说的办。"

过度的可定制性带来了两个问题。首先，它比你想的成本更高。作为一名开发者，你会想，"没问题，在这里支持可定制化也就是一两个小时的代码量。"但当你实现了一个 OR 的时候，开发流程中的其他人不得不去实现那个 AND——文档、技术支持、测试、训练师等。下游的成本是庞大的，至少也比早期的开发成本高十倍。

但是就算忽略这些内部成本的限制，过度的可订制性仍然会给用户体验带来伤害。它让那些毫无预料的人闯进一个死胡同，这不是他们想要的，而那些只在一些边缘状况下才有用。比较一下每个误入那里的人浪费掉的时间，和那么一两个人获得的好处吧。

因为你是一个极客，很可能倾向于可定制那一边。一方面是因为很难了解用户到底想要什么，所以干脆就逃避责任给出各种方式让他们自己选；另一方面，你自己作为极客，在心理上就是倾向可定制那一边的。很难把这一点从你的头脑里抹掉，怎么努力都不行。

你不该去提供那种"一个产品适合所有人"的可定制度，这个总是要取决于你的用户是谁。举例来说——Visual Studio，微软在开发环境方面的旗舰产品，可以定制到天上去然后再飞回来。这正是那些高阶极客们想要的，所以微软就给他们了。在这里它是一个正确而合适的程度。

但是过度的定制化也是有害的。看一下图 7.20。它显示了 Office 2003 版里面的一个浮动菜单条。如果你在选择文件菜单的时候一不小心，就可能把整个菜单条从屏幕顶上给拽下来了。你可以四处移动它，也可以让它驻留在窗口的两侧或底部。这好像并没有什么用。你看到或者听说过有谁是因为自己想这么做而打开它的吗？

没有。它对于新用户尤其糟糕。他们看到菜单到处浮动，知道不想要这样，但是不清楚该怎么放回去。他们发现右上角有一个"×"，点击它，然后菜单条就不见了。问题是它并没有回到原来的地方，而是就这样消失了，那么现在这个新手就要在主菜单缺失的情况下来独自面对 Word 了。这在可定制性设计中永远不该发生。

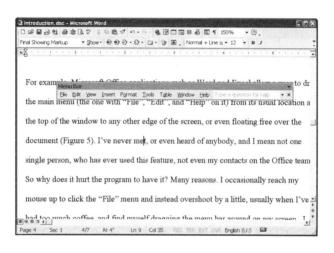

图 7.20　过度可定制的用户界面

完全相反的例子，就是只提供最基础的、绝对重要的可定制选项。一个经典案例是亚马逊的 Kindle 阅读 app 以及 Kindle 阅读器，如图 7.21 所示。你打开这个 app 就是为了阅读文字，那么选择一个舒服的字体和字号就是很基础的需求。阅读新手、大学生、年长的市民，以及诵读困难症患者都需要读书，而且有不同的需求。通过引入这些可定制度，我们扩张了整个 Kindle 电子书市场，并且走向了良性循环。

让我们对这个问题做如下思考吧：如果一个东西没有明确需要被做成可定制的，它就一定 应该是不可定制的。或者换一种说法，如果准备抛硬币来决定要不要留着，那就直接去掉。

图 7.21　亚马逊 Kindle 的字体和字号定制

时常问自己：我的可配置项对于主流用户重要吗？

时常问自己：我的可配置项会让用户迷失其中吗？

时常问自己：我是否做了一些完全没必要的可配置项？

7.11   引导用户

你可能在律政电视剧或电影里听过这句话："我反对！这是引导证人。"这也就是说律师在提问的时候在暗示他想要的答案。这个做法在法庭里可能是错的，但在用户体验设计中却100%正确。

一个程序可以拥有的最令人惊奇的能力就是猜测。在特定的条件下，用户需要什么的时候就自动给出。这个很棒，我们应该尽可能地做到这一点。

先来看个反例。看看图7.22中显示的CNN.com首页。如果你想搜索点什么内容，可以在顶部的搜索框里输入关键字。但是这个搜索框不会给你提供任何辅助。你看不到热门话题，或是其他人都在搜索什么，在拼写出错的时候也没有纠正提示。如果你搜索了关键词"Red Sox"，网站会显示一些对应的新闻故事链接，但是如果错拼成了"Socks"，悲剧的是，根本搜不到你想找的内容（除非，那篇文章本身就用了同样的错误拼写，这事儿也是会发生的）。

图7.22   搜索空间没有提供任何提示

　　纽约时报就好一些。在你输入的时候，它会显示出这些字符开头的词；比如你打了"Red S"，它会显示出"red sun mining"这样的关键词。

　　Google 则完全碾压了它们。在你输入搜索词的时候，它不仅显示出热门搜索词和别人在搜索的近似词（"red sox stink"），实际上已经在预加载数据了（看看图 7.24 的侧边栏）。有红袜队的 logo，他们的经理，他们获得的冠军，他们的队员名单等。在有比赛的时候，它还会给出实时的比赛得分、排名等。你还没有把要找的东西打全，Google 就已经不只给了你链接，还有实际的数据。这绝对令人惊叹。

图 7.23　搜索框给了一些建议，但是也不多

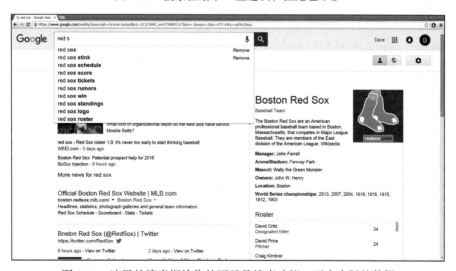

图 7.24　这里的搜索框给你的不只是搜索建议，还有实际的数据

在移动世界里这个甚至更棒。在这里它显得尤其重要，因为在手机上输入是比较困难的，而空间又那么少。在你输入"Red Sox"的时候，手机已经给出了相关的信息，如图 7.25 所示。

图 7.25　Google 移动版在我们输入"Red Sox"的时候自动获取了信息

时常问自己：我做到尽可能地引导了吗？

这就是整个框架的最后一条了。下面我们通过几个真实案例，看看这个框架，还有本书里其他的步骤是如何被应用的。

第 8 章

案例分析：通勤铁路手机应用

现在，你已经了解了用户体验设计的每一个单独的步骤，让我们看看怎样让它们协同工作。在本章和下一章，我们来对生活中的真实问题做一个案例分析，用上我们前面学到的技能和技术。

让我们从一个以让通勤铁路乘客每天生活更轻松为目标的手机 app 开始。我们会聚焦在波士顿的铁路系统，因为我们可以简单地找出特别的问题，以及找到可以帮忙的乘客。你会发现当应用了所学的技能之后，我们会给现有的 app 带来多大的提升。

8.1 可怜可怜这些上班族吧

波士顿的轨道通勤系统隶属于一个叫做 Massachusetts Bay Transportation Authority (MBTA) 的国家机构，大家通常就叫它"the T"。每个工作日，它通过十几条线路，394 千米总长的轨道，还有 127 个站点，运送着约 13 万名乘客。它是美国第三大同类的系统，仅次于纽约和芝加哥，与费城并列。

2015 年冬季，the T 被一场创纪录的大雪搞垮了。车次不是取消就是延误，然后再一次被取消，留下在站台上瑟瑟发抖、怒气冲冲的乘客们。而系统负责人"因为个人原因"引咎辞职（要我说，她是被推下楼前自己先跳了）⊖。

我们没法保证火车一定准点。但是我们可以告诉乘客火车到底什么时间能到——真正精确到分钟的水平，而不是寄希望于那种几个月前印制的纸质时刻表。我们能让乘客的生活舒服些，让他们清楚什么时间从家里或办公室出发去火车站是合适的，不用再浪费时间去等一趟根本不会到来的火车，而是有条不紊地规划好自己的生活。

对乘客来说，另一个重要的需求是购买车票。他们不得不在很少的几个窗口前排起长队（天气糟糕的时候情况更甚，因为政府员工会休假）或是去用那几个购票机（经常还是坏的）。这让他们上班路上本来就比较烦躁的心情更糟糕了。要是能远离这些糟心事儿就太棒了。

我们是否能借助这些新学会的技能和知识，按本书提到的步骤，打造一款精心设计的 app 来改善这些乘客的生活呢？

8.2　当前进展

图 8.1　MBTA 手机 app 的首屏，浪费了屏幕空间而且没有什么实际用处

MBTA 目前已经推出了一款购票 app。在 2012 年下半年，它作为全国第一款这一品类的 app 推出时曾引起了不小的波澜。当我们试用它时，却发现这款 app 根本就不能帮用户解决问题。它的首屏设计太糟糕了（图 8.1）。大部分空间被浪费，上面三分之一的区域都填充着视觉设计师可能会觉得挺漂亮的图片，也许设计者认为它是一种"品牌宣传"吧。而下面三分之一则完全是空白的。

在首屏什么事都干不了，我们得先离开它才能完成各种事务——查看日程表，购票，接

⊖　即使在一年后的今天，当我写下这些文字的此刻，关于那次列车停运的记忆还在这个地区弥漫着。就像 2014 年 2 月 24 日，Howie Carr 写的那样"现在唯一能阻止（唐纳德）特朗普号这辆列车的办法可能就是把它交到 MBTA 手里吧"。——原书注

收各种会影响我们上班行程的通知。他们简直是在浪费作为一个 app 最宝贵的资源，一个可以帮助我们完成一些真正重要事情的地方。取而代之，它仅仅给我们显示了一张背景图，一大片用来平衡视觉空间的留白，再无其他实际功能了。

其实在你设法从首页导航到车票购买和车票展示页面的时候，会发现其实做得也并不差，如图 8.2。我们通过输入站名的前几个字母，自动完成功能（很好）会提供一个筛选后的列表。而且 app 还会把最近选择过的站点放在列表的顶部（也很好），因为绝大部分人总是每天重复去一样的目的地（图 8.2a）。我们输入信用卡卡号（同样会被记住以备下次直接使用，很好），然后交易完成（图 8.2b）。当我们准备乘车时，点一个按钮来激活车票，然后屏幕会闪烁显示当天的颜色值，这样检票员就可以验证通过了。它还有另外一个按钮可以显示一个条码，这样可能未来某天检票员会开始通过手持读码器来验证车票（图 8.2c）。

a)　　　　　　　　b)　　　　　　　　c)

图 8.2　MBTA 手机 app 的购票流程——不算差

因为你用一下就发现这部分用起来其实还可以，所以我们不会对购票部分做太多讨论。不过，即使它能记住大部分的数据，我们还是得每次输入一遍信用卡的 CVV 号码——开启了自动续费的月卡用户并不需要。偶尔使用的用户就不得不在嘈杂的公共场合里拿出钱包，取出信用卡，对着手机屏幕比对一番，这让人很不自在。要是给图 8.2a 顶部加上一个快速购买上次相同行程车票的按钮，就像亚马逊的一键下单那样，应该会让这件事流畅很多，毕竟通勤旅客几乎总是重复一样的行程。

对于通勤乘客们的另一个更重要的需求——获得精确、及时的时刻表信息，这个 app 就做得比较糟糕了。再看下，首屏根本没有任何关于时刻表的信息，如果我们想要看时刻表，就不得不经过三个步骤：单击首屏上的"时刻表"按钮，然后来到一个页面，要我们在时刻表和警告之间选择（图 8.3a）。这个 app 就像在说："我知道你选了时刻表，但是你真的要看时刻表吗？"再次点了"时刻表"之后，我们需要选择想要查看的线路（图 8.3b）。选择之后我们才终于看到了一个格式丑陋，难以阅读的时刻表（图 8.3c）。

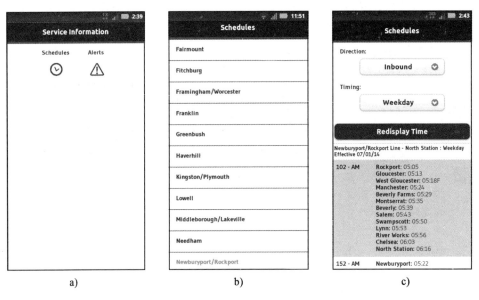

图 8.3　时刻表很难找到，即使找到也难以阅读

"警告"，不管它到底是什么东西，在首页上根本没有出现。我们不得不通过某种直觉感知到它的存在然后挖掘出来——点击时刻表，再点击警告（图 8.3a），然后再选择我们关心的线路看看到底有没有警告（图 8.4a）。那个绿色的对号图标似乎意味着一切 OK，但是尽管有这个标识，我看到 Lowell 线路实际上还是有"进行中"和"即将到来"的警告（"进行中"和"即将到来"又是什么意思？有什么区别？我不知道，在我分别阅读了它们的内容之后，也看不出来差别在哪）。

如果有什么事重要到可以称之为"警告"，它肯定不应该被隐藏地这么深，不是吗？"进行中的警告"这个词是不是自相矛盾的？我们阅读了警告内容后，会发现它们都会对时刻表造成影响，注意（图 8.4b）两列被取消的火车。把这些藏到 4 层深，确保没有任何人会看到它——与警告的目的正好相反。

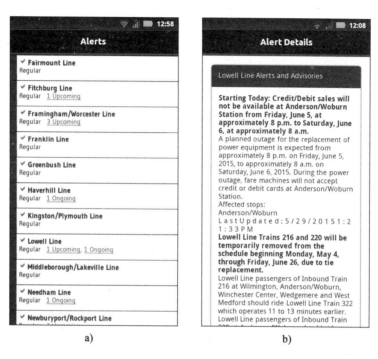

图 8.4　我们不得不选择路线再查看提醒

　　警告这部分的开发者显然没有展示出购票部分的技能水平。他们没有从用户角度来开展工作。他们只是把纸质的时刻表随意丢进了 app 里面，带来这个未经思考的糟糕结果。

　　用户被迫做了很多本不用做的事情。这个 app 根本没有对它们已经获取到的用户信息，或是对于通勤乘客天然存在的重复性善加利用。开发者像是在说，"嘿，这些都是你自己的活儿"。这种态度也许在 10 年前是可以被接受的，但今天绝对不行。如果我的学生用这种态度，我立马判他不及格，让他转去学语文。

　　运用本书中的体验设计框架，我们可以大大改善这款 app，让我们穿上用户的鞋子为他们思考。一旦我们搞清楚用户是谁，他们实际需要什么，我们就能选出对他们真正重要的信息，此时此地，清楚简单地代表他们。这将让这款通勤铁路 app 从一个废物变成人们日常生活中不可或缺的伙伴。

8.3　第一步：谁

你的第一个冲动，当然，就是打开编辑器，然后拖放控件到画布上开始摆弄。我希望你看过本书之后明白这是错误的。这可能就是 MBTA 的开发者在这个 app 上的工作方式，也就是本书中公开抨击的。让我们运用本书中的体验设计框架看看它将引领我们到哪里。

作为起点：谁在乘坐波士顿的通勤铁路？我们的潜在用户是谁？你可能立即大声回应说，"每个人。这可是公共交通设施。"但是你应该比现在知道得更多一些。

基本的统计资料很容易获得。在 MBTA 的网站上搜索一下"广告"关键词就能获得这家公司在列车和站台投放广告的联系方式和信息。我给他们发了一封邮件，要求获取一份关于投放广告的材料，一小时内就收到了。它包含了我们所需的基本统计信息，你可以在图 8.5 中看到。

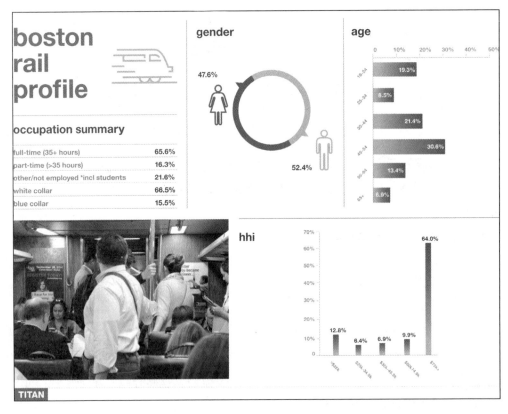

图 8.5　通勤铁路的媒体材料显示的统计信息

通勤铁路的乘客在性别上几乎是对半分的，52% 的男性和 48% 的女性。通勤乘客的平均年龄比人口平均年龄偏高。73% 的乘客在 35 岁及以上。我们可以猜测这是因为年轻人大多不会搬到郊外居住，直到他们结婚了并且需要为第二个孩子、秋千架或是金毛犬寻求更大的空间。所以说，它并不是给每个人用的。我们的用户群体几乎没有小孩儿，也没有多少千禧一代。我们的用户不是跟着智能手机一起长大的。他们看到 Snapchat 这种东西是不会说："哇，好酷！"的。他们对于极客这个词都不熟悉。

好，如果他们比较年长，那他们到底用不用智能手机？我们制作手机 app 的念头是不是根本就错了呢？幸运的是，并没有。在 Google 上快速搜了一下发现《波士顿环球报》有一篇对于 MBTA 售票 app 的报道，指出 76% 的乘客都随身携带智能手机。这篇文章还是在 2012 年发表的，我猜这个百分比现在只升不降。如果客户需要，我们有了市场洞察。

现在我们掌握了用户群体的基本信息——性别均等，但是年龄上偏大因此对技术不是非常熟悉，让我们据此来为开发团队创建出用户的画像吧。我创建了两个画像，一位每个工作日都搭乘火车，一位只是偶尔乘坐。

克莱尔（图 8.6）居住在马萨诸塞州的 Salem（你可以从本书的网站上下载完整的用户画像）。她 42 岁，离婚了，有三个孩子（16 岁、14 岁，还有一个 9 岁）和她住在一起。她在马萨诸塞州立医院做一名呼吸治疗助理，平时都是朝九晚四的工作日时间。她每天搭乘通勤火车上下班。如果换成大巴或地铁的话要走差不多三倍的时间，孩子们也不会给她一分钟的自由时间。而高峰期在波士顿开车也是件痛苦的事情，更别提每天停车就要花掉 30 美金，这占了她时薪 18 美元工作收入的一大块。

克莱尔每天早上开车到 Salem 火车站搭乘 6：43 那一趟车到北站，7：18 抵达。然后她要走路去搭班车到医院。下午她喜欢搭 4：20 那一趟车回家，4：53 抵达，但是有时候她没法按时下

图 8.6　卡莱尔，她每天搭乘 MBTA 通勤火车去波士顿上班

班。所以只好该搭 4∶53 的那一趟，5∶16 到达。对于列车时刻她已经烂熟于胸因为她每天都在搭乘。

最让她头疼的是有时候时刻表受影响发生了变更。不仅仅是下雪，闪电、工程建设、老旧设备出现故障、列车过岔道时都可能出现意外，每一种情况都会把事情搞砸。她不知道应该何时到达车站，或是告诉孩子们几点可以到家。

克莱尔使用月卡。作为一项福利，她的雇主会负担 25% 的费用。她的手机是一部已经用了 4 年的安卓机，属于 T-mobile 的家庭套餐机，因为它很便宜。

图 8.7　查理，每年乘坐 25～30 次火车去波士顿地区

我们的第二个用户画像，查理（图 8.7）住在 Ipswich，和克莱尔同一条线路，比她再远半小时车程。他今年 56 岁，已婚，有一个已经大学毕业的孩子，但是还住在一起。他是一位高端的电脑咨询师，有时候为波士顿城区的客户工作。

查理每年大约会搭乘 25～30 次通勤铁路。他通常是连续乘坐，可能这一周出行四次，下一周再出行三次，然后数月内可能都不再使用。他的时薪足够他支付去波士顿的油费和停车费，但是交通状况会让他疯掉。他不得不早晨 5 点就出门，但是实际上，他的顾客也并不期望那么早开始工作。他喜欢搭乘火车，喝一杯咖啡，用

iPod 听着经典老歌，在他的 Macbook Air 上面浏览一遍当天需要使用的材料。回家时，他会把手机关掉来读一本书，有时候来瓶啤酒（他把酒包在纸袋里来避免检票员找他麻烦）。

他会自己开车到达 Ipswich 车站，通常搭早晨 7∶13 那一趟车，8∶10 到达北站。然后他转乘地铁到达客户那里。返程他通常 5∶15 出发，6∶07 到达。但有时候工作更早做完就会搭一趟更早的，有时候不得不加个班，或者留下来和客户一起吃吃饭喝喝酒，就换成更晚的某一趟车。他记不住每一趟车的出发时间，因为用得还不够多。

查理通常都是用现金现场买票。他家附近没有店铺卖票，他的那一站也没有自动售票机。这就意味着他每次出门都要记得去 ATM 机那里取一些 20 美元面额的现金。检票员给他一张纸质票，还有 1.5 美元的找零（多么有 19 世纪的风格）。他要留着纸质的收据然后录入到 Quicken 软件里面来记录开销。他可以在售票窗口一次买好几张票，但是高峰期那个长队让他望而却步。

查理总是随身带着最新一代的 iPhone。他说服自己花这个钱可以给他的客户留下一个高科技人士的印象。但实际上他就是喜欢苹果的产品。他不会去在发售前一天到店门口排队，但会到官网去预订。

注意，我们两位用户画像都不是游客或外国人，波士顿对他们来说不是新地方。如果我们在处理公交或地铁的问题时，当然需要把这些人群也囊括进来。但是通勤铁路对应的是完全不同的人群——更同质化，更乏味，更日复一日（这也让这个案例更简单了）。

8.4　第二步：什么（何时、何地、为什么）

克莱尔和查理需要解决什么问题，他们心目中好的方案应该有什么样的特质？

乘坐通勤火车是那种日复一日的事情。几乎每个人都是早晨从郊外的车站搭乘来到城里，然后在晚上返回同样的车站。我们的 app 应该认识到这一点并服务于这种重复性行为。

用户很少会换火车站，更少会更换线路。这种事情偶尔发生（一个男生在他朋友家里过了夜，然后第二天换了一个车站回去），但并不经常。我们的 app 要支持更换车站和线路，并且让它尽量简单，但不是以让更普遍的每天重复的行为变复杂为代价。

那么通勤乘客们需要什么？不是别的，就想知道一趟火车到底什么时候会离开车站。通勤火车不像是大巴或地铁几分钟就有一辆，它在高峰期也不过半小时一趟，其他时段间隔更长。如果你错过了，就可能要等很久很久，而待在火车站（尤其是进城方向）并不舒适。

乘客怎么知道时刻表呢？一直以来，铁路公司都会为每条线路发行纸质版的时刻表（图8.8）。一般在主要的站点会有（每条线路都有很多，除了你需要的），乘客需要拿到一份，随身带着，记住把它塞在了哪里。它读起来并不方便，因为包含了一条线路上的所有站点，你需要把自己关注的那个车站找出来。查理每次出行都要这样做一遍，对他来说这很痛苦。"信噪比太低了"，他说（这很极客）。

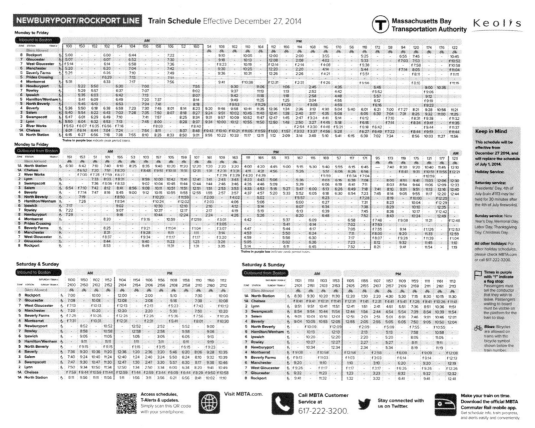

图8.8　令人困惑，不方便查看的纸质时刻表

铁路的发车时刻受天气或意外的影响发生变更也是很常见的。有时候延误只影响一条线路（比如 Fitchburg 线路上的一列火车和卡车相撞了），有时候则是全部（外

国总统访问让整个城区都瘫痪了）。乘客们需要知道这些信息，以便可以搭乘更早一趟车去上班，或是必要的时候选择开车，选择在家工作，又或是发一句牢骚，然后说谎请一天病假。显然，纸质的时刻表不能告诉我们这些。

MBTA 的网站可以，但是它自己需要涵盖很多主题——大巴、地铁、船舶等。即使用电脑上的全尺寸浏览器访问，你也很难找出你需要的那条特定信息。而且我们经常还是没法使用电脑的，比如，当我们站在郊区那个大雪纷飞的站台上等待一辆不会到来的列车的时候。在手机那个屏幕上，MBTA 的网站几乎没法看。

乘客还需要在购买车票方面获得帮助。Google 一下发现有 57% 的乘客会买月票。剩下的人们就比较困窘，大多数旅程都是从郊区始发的。但是今天郊区的车站很少有人工售票窗口，或是自动售票机。曾经附近有些商店有代售这种票，但现在越来越少了。传统上这是那些香烟小店的生意，乘客顺便会带上一张报纸一盒烟。这种小店伴随着报纸和烟民，渐渐消失了。所以大多数没有月票的乘客都是在检票员那里用现金买票的。如果能用信用卡在需要的时候即时购票就好了。

现在我手里掌握了一些对于克莱尔和查理需要解决的问题，我还得去问问其他乘客他们对这个 app 怎么看。我需要快速完成这一步，所以我在工作日早晨去了附近的一个车站，尽可能多地对乘客做了一次访谈。这是我对他们提的问题：

- 跟我讲讲你今天的行程吧。
- 对于这次行程最让你感到焦灼的事情是什么。
- 你是怎么付款的。
- 你的智能手机是什么样的。

注意我是从开放性问题开始，用特定的问题结束。首先，我需要让这些访谈快速进行。乘客们到达车站后往往 10 分钟以内就要出发，而我必须要和他们尽可能多地交谈。

我发现大多数的乘客都在抱怨车次不够，因为各种取消（这一点上我们现在帮不上忙）。他们第二个抱怨的，几乎每个人都会提到，就是不知道列车具体什么时间出发。每当 MBTA 给出了错误的信息时他们都气愤不已。网站上说一列车会按时抵达车站，但是它并没有来。他们等了 15 分钟，半个小时，在车子里没有熄火地等，仍然没有火车出现。电子信号灯显示车子是准点的，现实是那列车已经被取消，而下一列两个小时后才会到达，并且已经人满为患。就算我们的 app 可以给乘客他们需要的信息，高效并且优雅地显示，我们还是没法改写计算机科学第零号定律："输入的是垃圾，输出的也是垃圾。"我们的 app 也只能和 MBTA 提供的信息一样。

几乎没有人谈到购票。在我做研究的时候这件事儿不在他们的心里。如果列车时刻没出状况，这一条也许会变得重要些，但是当我问的时候他们并没有去想购票的事情。

乘客查看时刻表的时候远比关心购票的时候要多。当查理出行时，他每天购买一次双程票。克莱尔把她的月票设置为自动续费然后就不管了。他们每次出行时给检票员展示一次他们的票，或者一天两次，人太多的时候检票员还来不及查。但是他们经常要查询时刻表：出发的前夜至少要看上一两次，第二天早晨也一样，下午再来一次。比起克莱尔（她已经记住了），查理可能每天查得更频繁。但是当时刻已经变更的时候，他们都需要及时知道。

所以，这就是我们的用户查理和克莱尔需要的：

- 好的，精确到分钟的时刻信息，包括任何变更。
- 好的，简单的购票方式和票面展示。
- 上面这些都非常非常易用。

现在我们知道了用户的需求，我开始用故事的形式来让开发这款 app 的极客们能够理解它们。这是我写的。

1. 故事 1

克莱尔晚上待在家中，为第二天上班做着准备。最近一直在下雪，她不知道那个愚蠢的列车时刻表有没有变更。她想知道明早火车会几点出发，然后根据这个设定一下闹钟。她拿出她的安卓手机，点击我们的应用。应用知道现在是晚上，而且这里是郊区，它还通过月票信息知道了克莱尔的始发站和目的地。因此，它自动地显示出了明天早晨从这个车站进城方向的信息（如果有误，她可以点几下纠正过来，但是大多时候都是对的）。这个应用告诉克莱尔，目前明早的时刻信息一切正常，但是她并不信。她叹气着想要是在家周围找到一份工作就好了，这样就不用管这个该死的交通问题了。但是现在这份工作她已经做得比较资深，孩子们也即将读大学——在可预见的未来里，她都被困在了原地。她还是订了一个比较早的闹钟去睡觉了。

2. 故事 2

查理在波士顿城区工作，今天客户邀请他共进晚餐。当然，他喜欢和客户们有一些社交活动，这是他获取新生意的重要渠道。他现在需要知道今天最晚的一班

火车是几点，然后根据这个决定什么时候必须跟客户告别。他拿出自己最新款的
iPhone（客户睁大眼睛盯着），点开我们的应用。应用发现现在是下午时间，处于城
区，因此它自动地高亮显示了出城方向的列车。它还从查理今天早上购买的车票信
息中知道了目的地，因此它显示了那条线路的时刻信息。晚上 7∶40 有一趟车从北站
离开；这个可能太早了，他不得不匆忙吃完，可能都没时间和客户喝一杯咖啡或白
兰地，聊聊新的生意机会。下一趟车在 9∶20，这就给了他足够的活动时间。但再往
后的一趟就是 11∶45 了。如果他错过了 9∶20 那一趟，他就不得不在火车站等上两
个半小时——好无聊。要是他连 11∶45 那一趟都错过了，那就不得不花 100 美元打
车回家，或者在车站的长椅上凑合一夜。查理对可能会遇到的各种情况已经了然于
胸，自信地出发赴宴了。

3. 故事 3

克莱尔起床后打开咖啡机。她看了眼窗外发现又在下雪。该死！她从充电器上
把手机拔下来，点开我们的 app，检查一下火车有没有再一次延误。该死！确实延
误了！她平时搭的那一趟车被取消掉了，但是有更早的一趟（其实也是延误过的）可
以搭。她一边喊着嘱咐大女儿送两个小妹妹去坐校车，一边快速套上衣服，冲去门
去，嘴里诅咒着那些造成拥堵的政客们。但是她还是赶上了火车，保住了工作，也
没有被扣工资。她不得不把其他一些同事的活儿也干了，因为他们没有使用我们的
app，没收到延误警告，所以错过了平时的那一趟车，要到中午才能来上班。幸运的
是，很多病人也滞留在路上，错过了他们的预约，所以工作量比起平时也没有太糟
糕。出城方向情况也不好，但至少她能看到哪一趟车还在运行。她最后为晚饭预订
了披萨外卖。

4. 故事 4

在他搭乘的那个车站附近没有售票点，查理不得不每次乘车前买一张票。他平
时总是需要准备一张 20 美元的现金从检票员那里现场购票。而现在查理拿出他的手
机，点开我们的 app，直接买一张电子票，拿给检票员看就行了。账单直接会记录在
他的信用卡下，当他下载交易记录到 Quicken 软件时，还会魔术般地自动出现在 "旅
行" 分类下面。查理的会计高兴了，查理自己也高兴了。MBTA 那些想要实现（只
要政府允许）完全无现金交易的会计师们也高兴了。从各个方面看，世界都变得更美
好了。

8.5   第三步：怎么做

现在我们知道了用户是谁，他们想做什么，那就开始弄清楚该怎么做吧。我们会继续开始的研究，用 Balsamiq 做一些快速原型图，拿给用户看并收集反馈。我们不会花时间美化它们。就像我贯穿此书讲过的，这个阶段的关键在于快速迭代。打磨外观只能适得其反。

用户们更频繁的操作是查看时刻表，这一点上言行一致，一天 4~5 次都是常见的。越是感觉时刻会变，查得也就越频繁，这项操作也就变得更至关重要。把这个点做对了很重要。

下一个常用的操作就是把电子票展示给检票员，购买都没这么常用。克莱尔只用把月票设置一次就再也不用管了。查理在出行的日子里用一下，一般会买双程票，也就是一天只购买一次。

我们希望让用户的点击次数越少越好。原版的 MBTA app 没有做到这一点，似乎都没有尝试过。让我们把大多数通勤用户重复性的行为模式这一点利用起来，最大程度地提升这款 app。

通过真实用户告诉我的，还有克莱尔、查理夜里托梦告诉我的，我做出了一个最好的猜测。图 8.9 显示了我的第一版原型图。

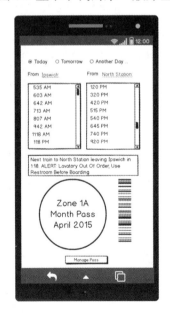

图 8.9   最初的两个想法

　　我试着把所有东西都放在一个页面上。和原版应用的直接对比就是它的首页什么都干不了，我的首页什么都能做。我们不需要导航，因为我们不用去其他地方就能查看时刻表、提醒还有显示车票。购买车票在另一个页面，我们放置了一个按钮跳转到那里，但如我之前所说，它并不那么常用。

　　在顶部我们首先看到的是一组单选按钮。用户每天主要在三个时间点查看时刻表：早晨出门前、下午下班前，还有晚上回家后，看看第二天的情况。所以可能三分之二的时候他们想看的都是当天的时刻表，在晚上的时候想看的是第二天的。我们的 app 基于打开时所处的时间以及手机基站（这个对我们已经足够精确，还不用耗费额外的电力）的位置信息，自动判断该去显示哪一个。选中的按钮对应显示当前的选择，如果用户看到的是明天的，但实际想看今天，或者反过来，都可以点一下按钮来完成。如果想看另外一天的，可能是周末想去城区看一场演出，那就选中"其他日期"，打开日期选择器来选出特定的一天。

　　接下来，我们看到的是进城和出城方向的列车。这是我们对比原版应用的一处关键提升：因为 app 知道用户购买的车票信息，它就知道了应该显示哪个时间的哪趟车。克莱尔买的是从 Salem 出发的月票，查理买的是从 Ipswich 出发的票，他们都以北站为终点。App 用这个来生成列表上方的标题，还有列表中的列车时刻，即将到来的一趟车显示在最顶上。每个车站都是一个链接，可以在需要时点击来更换。这个功能感觉应该不会被经常用到，但是远程测试（下一节）会证明我们想错了。

　　我尝试了两种方式来显示列车时刻表。图 8.9a 用的是一个列表框，用竖排的形式来显示列车时间，这也是被乘客熟知的。而图 8.9b 显示了我为节省空间尝试的横向时间轴显示。进度条和小箭头都提示了用户可以滚动来查看更多没有显示全的车次。

　　这个 app 没有显示火车的到达时间。我发现大多数的乘客都不大在意这个。他们都知道从车站到上车大概要多长时间，所以可以轻松地反推。另外，到达时间会受到各种超出他们自己控制范围的因素影响，所以时刻表上怎么说变得没那么重要。如果需要，我们可以通过让用户点击一趟特定的火车来显示到站信息，但我好奇会有多少人说他们想要这个。

　　在列车信息下面是一个文本框。这里面包含一个倒计时，显示了距离下一趟进城列车（如果他们在郊区）或出城列车（如果他们在城里）出发，还有多长时间。这样，用户们不用自己做心算，就知道能不能赶上这趟车了。这里还显示了这条线路或它某个站点的警告信息，用户再也不用点击三层来查看有没有他们关注的消息了。

最下面是月票或普通车票的显示。克莱尔的票每天自动更新颜色来通过验证，查理则需要明确地激活一个，用一个按钮做到（图中没有显示）。

这种布局的主要缺点就是有一些拥挤杂乱。理想情况下，这不会给用户带来太大困扰。对于用户每次使用时间在 1 个小时以上的阅读应用来说，这可能是个大问题，但是我们的 app 可能每次只需要花上 20 秒。主要的衡量标准是让用户可以立即获得他们需要的数据。我仔细地选出了用户需要的（或是我认为的）一切信息，去掉了他们不需要的。

8.6 第四步：测试一下

接下来我会找几个用户来看看我们的 app。我给我的学生邮件列表发了封邮件，问问谁经常搭乘通勤铁路，并且愿意看看这个 app。显然，这个选择范围会有一定程度的偏差。我的学生们比乘客的平均年龄小一些，尽管我教的是成人继续教育学院，他们都不是本科生了。他们也比乘客平均受教育程度偏高，尽管波士顿地区的大学生本来就比其他大多数地方的多。他们都明确表示自己就是乘客，现在或是最近，所以很明白他们需要什么信息。

如果我自己要花大价钱投资这个应用，我会去找真实用户。我可能会在车站举着告示牌说愿意出资 20 美元给任何乘客，只要他愿意花半小时通过 Skype 线上看看我们的 app。我会尽可能多的寻找这些乘客。但是，在当前阶段，我需要快速应变，所以就选了更少的用户。我决定遵照 Steve Kurg 的建议只选 3 名测试用户。如果三个人都喜欢一个东西，那它可能真的很棒，而如果三人都讨论一个东西，那它就真是很糟糕了。

我跟三名之前的学生约好了 Skype 电话。他们都跟我很熟所以会有话直说。等我们的 Skype 电话接通之后，就一起聊了聊他们的近况来破冰，接着我开始把话题引到比如"跟我讲讲你的上班路程吧"这样。之后我跟他们宣读了第四章中提到的测试声明，"我们不是在测试你本人。在这里你是不会犯错的。我们是在测试这个软件对于你想要做的事情有没有帮助。"

我使用了上面提到的故事 3，就是克莱尔在早上醒来的那个做测试任务。我发现这个是最紧急的一种状况。我把这个故事讲给测试者，用他们自己的名字替换掉克莱尔："想象一下，约翰，你在清晨 5 点钟就醒来开始迎接新的一天。你在喝着这天第一杯的时候看了一眼窗外，发现糟糕，雪已经积了六英尺深。你觉得最好看看火车还能不能准时发车。你拿出手机，点击图标（这时我分享 Balsamiq 屏幕给他看），这时你看到了这个页面，你会怎么做？"

有一个用户大声讲出了她怎么想，这很有帮助。我不得不提示另外两个人也开始这么做："约翰，如果你能大声讲出你现在在想什么，会非常有帮助。你显然在思考什么；能跟我讲讲吗？"等。

我不会一句不差地把她的话复述一遍，但是这里我对了解到的做了一个总结。首先每个用户都注意到了"今天 / 明天 / 其他日期"这一组单选按钮。我觉得这些按钮很重要，但是用户并不知道它们有什么用。我说："OK，没问题，别管它们继续吧。你在想什么呢？"如果这些按钮真的是个问题，如果它太让用户分心导致测试难以继续，我会在 Balsamiq 里面直接删掉它，但这些用户对于继续测试下去表示没问题。

它们开始查看左边那一列出发时间。每个人都告诉我它们想去点击想要搭乘的那一行，期待能看到关于这趟车的更多信息。我本来期望的是出发时间就是用户所有想要知道的信息了，但他们并不这么看。他们想要看到到站时间，并且期望有一个什么标识来告诉他们某趟车是准点的。

3 人中的两个都注意到了倒计时，还有提醒框，并明白它们是干什么的。在这个静态原型中注意到它其实有点难，因为在实际的 app 里面这个时间是一直在变化的，也就提示了用户它的用途。第三个人一开始没注意到它，在我指引他去看的时候则立即理解明白了。

这些全都是很好的反馈。我一开始以为用户们不会在乎到达时间，因为他们知道需要多久去乘车。实际上并不是这样，他们都想在选择哪趟列车的时候看到到达时间。他们不想自己心算，他们想要这个信息和出发时间一起出现。同时，他们还说在这个点上完全不想要看到返程车次的信息。他们只会在下午准备回家前会想要看返程的车。返程车次信息在这里并不是那种超令人分心的，但是作用也非常有限，把它们占据的地方用来显示其他在意的信息是个好主意。

比起图 8.9b 那种横向的显示，他们都更喜欢图 8.9a 所示的竖排方式。这是他们看纸质时刻表的格式，也是他们在车站的显示屏上看到的格式。没人喜欢横向的时间轴。OK，没问题，我又学到了一点。

他们全都表示现在这个布局太拥挤了，让人很难找出他们需要的内容。我为了避免使用导航，让所有东西挤在了一起，这让用户自己得去做一番分辨。显然，我做得不对。

我对这些傻瓜们如此看待我精妙的设计感到愤怒吗？我对老天大喊着想知道为什么摊上这样一群傻傻的测试用户了吗？完全相反。他们告诉了我不知道的事情，他们让这款 app 更棒了，他们让我变得更聪明，我希望你也一样。

那么回到 Balsamiq 来。我把这些信息拆分成了两个页面，用了最简单的导航方式。手机 app 里面很流行汉堡包菜单导航，但是对我们这个 app 来说，如此少的导航要是需要如此多的点击次数（点击汉堡三条杠图标打开菜单，然后在里面选择一项）就显得太笨重。取而代之，我为了可见性选用了标签控件。比起这种直观快捷的方式带来的好处，它占据的一点屏幕空间算不上什么。我把时刻表放在一个标签页下，车票放在另一个标签页下。你可以在图 8.10 里看到。

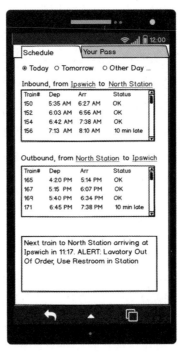

图 8.10　MBTA 手机 app 的第二版迭代，吸取了第一版收集的反馈

测试用户明显更喜欢这一版。他们说找到想要的时刻容易多了。他们不通过点击就能看到到达时间。"那个表格，就是我们在车站的显示屏上看到的，很熟悉。"一个测试者如是说，其他人也表示同意。"我们从来用不上车次号。我们都是用出发

时间来表示的，比如 8：57 那一趟，所以你可以考虑把那一列去掉。"在我询问后，其他用户也表示从来不用它并同意去掉。

他们喜欢这个标签页导航。我觉得这个控件更像是 PC 风格，不大像是为手机准备的，但是测试用户们都立即搞懂了它。事实也许是因为测试者都比较年长所以对 PC 比较熟悉，但是实际的铁路乘客也是如此。唯一有争议的是应该把它放在什么位置。就像我现在这样放在顶部呢？一个测试者想让它在底部，这样单手就可以操作了，在嘈杂的车站这很方便。我决定暂时还放在顶上，二者的区别并没有那么大，这个决定可以在后续的优化中再做，如果真有必要支持两种用法，我们还可以把它做成可配置的。

再一次，我遇到了想要把早晨的进城车次与下午的出城车次分开的提议。每个测试者都说："比之前更好了，但我还是得把两个表格区分开。现在比第一版简单些，但是为何不直接把进城出城的放在两个独立地标签页里面呢？"

最后，我还问了每位测试者对警告和倒计时框的意见。一个人提到倒计时特别重要，这样她就可以知道是否需要飞奔着去赶火车。出于这个原因她觉得甚至可以把倒计时放在页面最顶上。如果能有轨道信息的话，显示在倒计时旁边就更好了。这就是那种只能通过与用户交谈获得的信息，远程监测没法让你知道。

我再次回来，根据测试者的反馈对原型做出修改。他们喜欢标签页导航，可以一次看到所有的选择，还能一次点击选中任何一个。他们并不在意进城和出城方向的时刻表在不在同一个页面，所以我决定试试放在独立的标签页中。

我把倒计时放到了顶上。这是针对一个测试者的特别需求做的，但是其他人看到新设计的时候都表示很赞。

我利用额外的空间显示了更多的车次，还增加了字号便于阅读。想想人口统计吧，超过半数的用户年龄都在 45 岁以上。开发者社区明显更年轻，很容易忽略这个普遍存在的特殊需求。这不是最主要的事情，因此我们会在情况允许的时候做到它——显然不是第一版，也许不在第二版，可能在第三版，也可能不。但事实是从 40 岁起，年龄引起的远视问题就开始出现。至少一半用户对我们让它更容易阅读而心怀感激。你不能说一半的用户人群是一个小众特殊情况吧。他们需要一个轻松阅读的文字排版，就像需要一条舒适宽松的牛仔裤一样。他们可能不大会提到需要这个，但是用上它的时候一定会非常赞。第三个标签页让每个人都更容易阅读。现在各项用户的需求汇聚在了一个优化方案中，如图 8.11 所示。

我仍然在思考一个情形，就是查理在周日晚上待在家里，想要看看周一早晨的列车时刻是什么情况。这就是第一版中单选按钮想要做的事情，但是测试用户都不喜欢它。但我们也不想让查理非得去点击那个"选择其他日期"的链接才能看到他想要的信息，所以我引入了一个在机场看到的设计模式。在显示屏上按时间排序显示着航班，在当天就要结束的时候，他们就会在当日最后一个航班之后显示一个条幅，接着显示出第二天的航班。这样我们就能轻松地查看到次日最早的航班有哪些。我据此做了一点小改动，如图 8.12 所示。

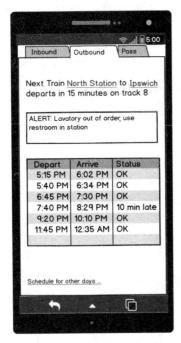

图 8.11　MBTA 手机 app 的第三版迭代，
　　　　引入了之前版本的反馈

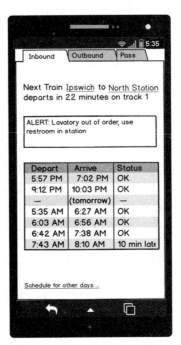

图 8.12　MBTA 手机 app 的第四版迭代，在今天的
　　　　最后一班车次之后自动显示出第二天的车次

我们的应用可以聪明地根据用户当前位置来正确地自动显示对应的标签页。如果查理在城区打开它，它就知道查理很可能是要回家，因此直接打开出城方向的页面。故事 2 就是讨论这一点的。但是如果查理夜里在郊区打开它，它就自动地显示进城方向标签页。显示出今天剩余的进城车次（如果有的话），还有明天进城的车次。我把这一版拿给用户看的时候，他们都很喜欢。

其他的一些想法此时也浮出水面。有一位测试者说："增加一个广告位怎么样？"个人来讲我讨厌看到广告，但是铁路运营方可能把它卖给广告主赚不少钱，特别当它能基于位置和时间的时候。想象一下你正走在火车站内的时候，手机震动了："我注意到你还有 10 分钟时间。这里有一张优惠券，在 Dunkin' Donuts 购买咖啡即送一个免费甜甜圈，点击领取"。

还有一些关于系统级别消息推送的讨论，当时刻表出现严重延误的时候，不只在 app 内部提供提醒。有趣的是，三名用户都提到想要获取到列车拥挤程度的信息。在进一步讨论之后，我们意识到这个是不现实的，因为只有在列车出发的那一刻，你才能知道实际的拥挤程度。另外，旅客通常会知道哪一趟车会比较拥挤，而且即使知道了列车拥挤他们也改变不了什么。

这种讨论的关键点不在于让你的第一版设计就趋于完美。你的第一版设计永远不会完美。它可能连很棒都算不上，我的就不行。它就是用来激发讨论的，让用户开始思考并和你交流。你需要迭代，尽可能快速低成本地迭代。从草图到测试到迭代应该在一周内完成。

在继续开发的过程中，我们需要添加更多细节，并改善视觉设计。但关键点是快速的草图和反馈，又快又便宜地给了我们巨大的优势。我们可以在投入大量资金、时间或是感情之前就改变设计。我在穿上用户鞋子的时候，学到了各种前所未知的事情。现在我了解了它们，你也应该一样。

8.7　第五步：远程监测方案

每个现代的 app 都使用远程监测。我们在 MBTA 的通勤铁路应用中应该记录哪些数据，我们又能从中获得什么信息呢？

为了让我们的 app 提供无缝的能力和体验，我们对于用户需求的猜测需要逐渐变得越来越准确。如你所见，我们大部分的逻辑都是基于用户使用时的时间和位置信息。例如，当用户早晨在郊区打开应用查看时刻表的时候，我们推测他想要看进城方向的车次，所以直接选中了那个标签页。而如果他早晨在城区打开，很可能是要做相反方向的旅行，或是通宵加班了，那我们就自动选中出城的标签页。

对于每次交互活动，我们都要记录下使用手机时的位置和时间。我们不会启用 GPS 因为它太费电了，还有潜在的隐私问题。但是基站定位已经足够我们用了。我们可能没法说用户位于第一条街还是第二条街，但是我们绝对知道他现在位于 Salem 还是波士顿城区。

大多数远程监测关注的第一件事就是特性的使用状况。用户使用每个特性的频率是多少？我们为了搞清楚应该显示哪个标签页费了很大劲。我们做对了吗？用户经常去切换吗？我们做出了最好的猜测来决定在时刻表中显示哪一趟车次。用户经常滚动查看别的车次吗？我们根据用户已经购买的车票来决定默认显示的车站。用户经常修改车站吗？到底有没有人会点击"查看其他日期"的链接呢？

因为我们通过这个 app 来售票，我们会想要知道这个特性的使用频率。我们可以和其他售票渠道的数据做一下比较。像克莱尔这样的月票用户，在电脑浏览器上购买和通过手机 app 购买的比例是怎样的？而查理每次会购买几张车票？他在一天的哪个时段买票呢？每天的购票峰值出现在几点？

我们会通过这些特性的追踪学到很多。在我们消化这些数据，并据此做出几次用户体验设计的迭代之前，可能不需要做更多了。在这之后，我们可以再加入任何我们在乎的信息。我们的数据挖掘工程师肯定有他们的新需求。

如果真的想再酷炫一点，我们可以从手机的加速传感器中获得数据，比较时间和位置，来得知每个用户搭乘列车的频率。

8.8　第六步：安全与隐私规划

现在我们来看下安全性和隐私问题。乍一看，这款 app 好像没有多少安全性和隐私方面的需求。所有列车时候信息都是公共数据。想知道下一趟车什么时候到站并不需要提交身份认证。没有太多的事情需要担心。

当然如果谁偷了手机的话，会看到机主查看的路线信息，这很可能也是机主的出行目的地。但是对于丢了手机的人来说，有太多事情远比这个更让他担心，比如聊天记录什么的。用户总会先去考虑其他事情的安全性，甚至她的 Kindle 阅读列表，最后才会想到她的列车时刻表。而如果一名用户会去担心她的通勤路线被暴露，她很可能会用指纹来保护整个手机的内容安全。

唯一需要安全防护的一点就是用来购票的信用卡卡号。把它用某种方式保存起来，让用户不必每次把信用卡拿出来，对照着在手机输入一遍是很重要的。没有用户想在高峰期的车站被扒手盯到她的钱包。现在要做的选择是用某种加密的方式把卡号存在手机上，还是像亚马逊那样存在中心服务器上，每次需要交易的时候获取。

用户会偏好哪种方式？这可能取决于我什么时候问这个问题。如果在过去的几周里出现过数据泄露事件，比如 2013 年针对 Target 超市的那次，他们可能就想要存在手机里面。他们会觉得坏人会专注于攻击大的目标以便于一次获取百万用户的信息，而不是从人们的手机里一个一个盗取。对于这种情况自己也没法做什么预防措施。而另一方面，如果克莱尔想要让她的月票自动续费，就不得不给铁路公司提供某种持续的资金授权，不管是通过信用卡还是自动从账户扣款。而且一旦它存在那里，我们就会一直保持如此。

而隐私方面，我们最大的问题就是追踪了用户的移动状况和位置。理论上来讲，这些信息只有在关联到个人身份的时候才是个问题。我们可以给每个用户赋予一个唯一的识别符，就是给每个安装的 app 分配一个随机生成的数字。我们会获知一个匿名的 24168302 用户在早晨六点进城，并在下午 4 点半回家。我们不知道这名用户是张三还是李四，但是我们知道有一名用户是这样的。然后我们就可以生成一份份独立的档案，这对于数据挖掘工程师可太有用了。

问题在于如果我们收集了这一类信息，那就有可能在什么地方滥用了它。我们可以，或者说有一些人可以，根据用户的购票信息和移动路径，来把它和某个具体的用户关联起来。

假设媒体揭露了铁路公司正在收集独立乘客个体的位置移动信息，公司方一定会说，"这是为了更好为你们服务，我们只用它来做好事。"你觉得本地的福克斯新闻会怎么讲这个故事？多久用户们会开始卸载你的 app？这就像牙医告诉你，"这个不会疼的。"对，他自己又不会疼，不是吗？设想一下程序员被逮到偷偷追踪前女友的活动轨迹吧。

作为乘客，我们并不会和铁路公司有亲密的关系。我们没有理由允许他们追踪我们的个人信息。我建议这个应用不去追踪独立个体的使用数据，即使是匿名的。如果我们不去记录它，我们也就不能泄露它。项目经理夜里也不会睡不好觉了。

8.9 第七步：让它能胜任工作

现在我们已经为本项目做出了设计方案，让我们回头再用我在第 7 章中提出的十条戒律来审视一下。我们想要让这个 app 胜任工作。怎么做到？

1. 从好的默认设定开始

这可能是我们对原版的 app 做出的最大改进。不是把整个通勤铁路系统的文档都丢在用户面前，强迫用户自己去设法找出对他们有用的内容，我们的 app 自动推断出用户在意的信息。我们从购票信息和当前的基站定位信息来生成默认的车站。我们直接把需要的内容摆在他们面前的最中央。

2. 记住一切应该记住的

在这一点上我们做得很不错。我们应该记住的最重要的信息就是常用的通勤路线——用户的出发站和终点站。我们用这个信息来决定显示哪一个时刻表，下一趟车在什么时间。

3. 使用用户的语言讲话

我们总是注意着去使用用户自己的语言。在这方面我做的最大的决定可能就是在时刻表的表格视图中去掉了车次号。铁路公司内部当然会使用车次号，就像航线的编码一样。但是乘客呢，从对他们的采访获知，从来都没有人在意过这个。他们总是把时间作为命名体系："糟了，错过了 6∶20 那一趟，而他们还取消了 6∶50 那一趟；下一班就要到 7∶14 了。"

4. 别让用户去做本该你做的工作

原版应用要求用户做很多工作才能找到并阅读他们需要的信息。我们的 app 自动地搞清楚用户想要什么，然后显示给她。她比过去少做了很多工作，甚至接近于零。连标签页默认显示哪一个都是我们精心选择的——她在城里时显示出城方向的列车，不在城里就显示进城的方向。我们在这方面做得很好。

5. 别让边缘情况支配主流场景

主流的乘客就是日复一日地进行着同样的出行路线。这个 app 就是特别为这样的场景优化的。如果他想要做别的，比如"嘿，如果我周六搭火车去看球赛，有哪些时间可以选?"，有一个链接就是为此准备的，但是他得自己花一点儿功夫。如果一个火车爱好者想要坐遍每条线路，每座车站，他就得花更多的工夫。我们仔细地对主流用户做出了优化。

6. 别让用户去思考

这个 app 最无需思考的一个地方就是那个倒计时了。它显示了距离下一趟车还有多久，因此不用再去查看时刻表，对照时钟，心里计算一番。它还显示了轨道编号，以便你可以直接到那里。在这个 app 上，我竭尽所能地减少了用户的思考负担。

7. 别让用户来确认

我们在这个 app 里面不需要做任何确认。

8. 支持撤销

时刻表部分没有什么是可以撤销的。在购票部分，也许我们可以允许用户退票。但是 the T 铁路公司对纸质票是不支持退票的，恐怕电子票也不行。

9. 恰到好处的可定制度

这个 app 自动地侦测用户的出发站和终点站。如果因为某些原因我们的侦测出错了，或是用户改变了她日常的出行模式，我们提供了一个链接，通过它可以做出更改。我们还提供了一个链接来查看其他日期。其他就没有什么是可以定制的了。对于这个 app 来说已经是一个好的开端，未来也许我们会加上一点点其他的定制选项，比如说把标签页放在顶部还是底部。

10. 引导用户

这个 app 在每件事上都在引导用户自动侦测我们使用的车站，我们搭哪一趟车，自动给我们显示下一列即将出发的列车。比起原版需要用户自己挖掘每一个碎片信息，我得说这个新版真的太棒了，它确实如此。

第 9 章

案例分析：患者门户网站

医疗领域应该是最后一个还未被互联网渗透的主要行业了，几乎所有的数据交换还依靠传真来进行。一位年轻的医生告诉我，"我孩子的保姆对于互联网的利用都比我们在'某某医学院'做的强。"

让我们把新学到的用户体验设计技能应用到一个供患者使用的门户网站。我们会用贝斯以色列女执事医疗中心作为案例，它拥有这样的一个网站。我们可以让这个网站变得好用很多。

9.1 不错的初次尝试

波士顿的贝斯以色列女执事医疗中心，本地人称之为 BI，在医疗界多个方面都是很先锋的。它最知名的可能就是"行走麻醉"，既让产妇减少了生孩子时候的疼痛，又不用因麻醉被迫瘫在床上不能移动。尽管 BI 并没有其他一些医院那么闻名于世，但在实际水平上可能比那些更知名的还好，我的两个女儿都是在这里出生的。这里的人们都说"马萨诸塞州立医院是世界上最好的医院，BI 是波士顿最好的医院"。

> **说明**
>
> 贝斯以色列医院在 1996 年与女执事医院合并，形成了现在的贝斯以色列女执事医疗中心。古怪的当地人，也算上我，还是把它叫做 BI。

BI 的另一项优势就是它面向患者的门户网站——www.patientsite.org。这是世界上最早的此类门户网站之一，你从他们注册这样的域名就能推测到。它允许患者查看检查报告，预约会诊时间，申请转诊或是处方，以及向他们的医生发送保密邮件。这个网站是由 John Halamka 领导的内部团队开发和维护的，在 2000 年上线。

在那个时代，它的初次亮相算是非常棒了，我可以说非常的英勇吗？这个团队必须面对各方面的挑战——医疗系统、法律、监管部门、政府、管理机构，当然，还有技术——曾是巨大的挑战（看这个例子：www.ncbi.nlm.nih.gov/pmc/articles/PMC2274878）。它的最终面世可以说是一项值得纪念的成就。

尽管如此，用今天的可用性标准来审视，它确实需要做一些功课了，部分原因仅仅是因为它太老旧了。想想在过去的十几年间技术世界发生了多少天翻地覆的改变吧。那时在可用性的方面做出的一些权衡之计，在今天已经变得不可接受，你对此应该不会感到奇怪。在本章，我们会检查目前的 PatientSite 网站的用户体验现状，并按照今天的设计标准给出升级的建议。BI 的 PatientSite 网站曾是行业先锋，应用了我们用户体验技术之后它会再次前卫起来。

9.2　现状如何

我们从它的入口页开始（图 9.1）。由于对医疗数据实施了保密规定，我们不得不每次使用时都进行登录，不能像亚马逊那样一周内自动保持登录状态。入口页的布局还是不错的，照片看起来在欢迎人们使用。文案对新用户解释了他来本网站可以做的事情："查看你的检查结果（图中所示）""预约会诊"等。图片和文案缓慢地切换，不会打扰用户。登录控件是标准的，给新用户的注册链接也很合理。

唯一可能需要改动的，是删掉那个针对供应商的独立登录链接。我会建议让患者和供应商都用这个页面的登录框来进行身份认证，只在必要的时候在系统内部做判断。在这里网站强迫用户去做了程序员的工作，让他们选择正确的登录页面，而不是通过登录 ID 来自动区分。单说这一情况问题不大，但是我们在整个网站会看到更多像这样的问题。

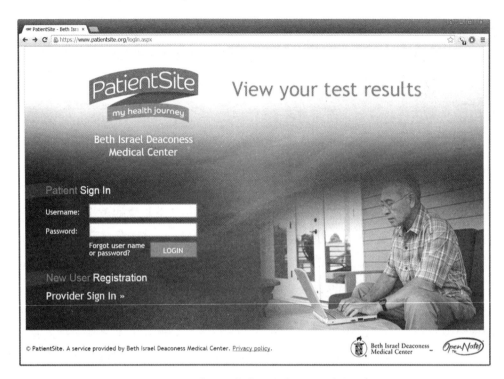

图 9.1   贝斯以色列女执事医疗中心的患者门户网站

在登录之后，我们会看到首页，如图 9.2 所示。在之后的分析中会指出，这个页面部分还是不错的。一部分内容还 OK，但再做一点额外的工作就会让它更好。另外一些部分就需要完全地推翻重来了。

让我们先看看好的部分。会诊预约放在顶部正中，这是你必须要做的事情，时间和地点都直接展示在你眼前，打开页面就能看到，这很好。同时，左边的一排链接看起来显然是导航元素，这也很好。一些分组方式、命名方式可能有待商榷，现在就让它先保持这样吧。

那么哪些地方是目前还 OK，但是需要做一些功课的呢？顶部的预约时间表说，"点击查看说明。"如果我们照办，会打开如图 9.3 那样的一个页面，它显示了医院的部门名称、位置、最佳停车点还有电话号码。如果我们不知道 Shapiro 临床中心，还有它的车库在哪又怎么办呢？给我一个地图或导航的链接怎么样？这在今天的商业网站上很常见了。这里还有一个按钮可以打印预约的细节。提供一个保存到手机日历的按钮怎么样？这个在今天的网站上也很普遍了。

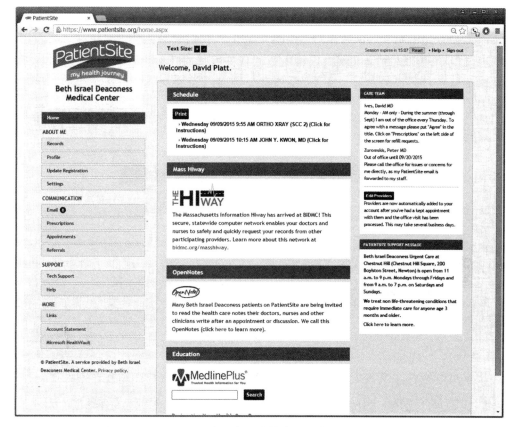

图 9.2　贝斯以色列女执事医疗中心主页

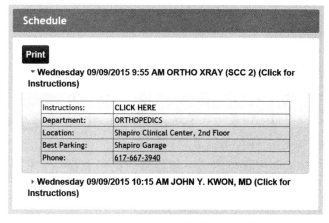

图 9.3　在第一次点击后的预约时间表。它邀请你再次点击

最大的问题是这里，它说，"说明：点击查看"。等等，我们不是刚点过吗？我

们是脑袋宕机了还是莫名其妙忘记了？现在看到的这些说明难道不是点击得到的（是吗？不是吗？是的吧？）如果我们点击这个链接，我们会看到图9.4显示的页面，确实有更多说明信息。如果这些内容很重要，就像看起来这样，它们可不该藏这么深。有多大比例的用户真的会点击这么深而看到它们呢（远程监测可以告诉我们，但是这个没有监测到这个层级）？如果它们并不重要，那又为什么要来让我们分心？理想情况下我们应该在第一次点击之后就看到完整的说明内容。

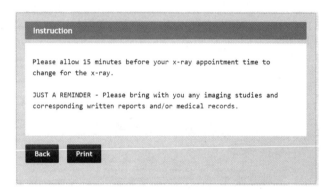

图9.4　第二次点击之后显示的预约说明

从首页继续往下看，对任何网站来说都是最黄金的位置，却被它浪费了。出现在最中间的这个Mass Hlway部分，只是用来说明BI和其他一些健康服务提供商之间交换数据的一个网络。我们用户完全没必要每次看到这个东西。我们同意授权PatientSite使用它（出现在另外一个页面，这里没有显示），或者不同意，然后就再也不愿去想起它了。为什么一个我们完全不在乎的东西却占据着一个网页上最重要的位置？这是错误的。

对于下面的OpenNotes部分也是一样。它是对一个显示你的医生笔记的系统描述。这段描述已经存在了好几年，作为一个用户，我根本一点儿都不在意它。提供这个查看笔记的特性不错。但是一直把这么重要的位置浪费在显示这个特性说明上，就跟上面的Mass Hlway一样都做错了。

对目前的用户体验情况做的最后一项检查，我们来看一下常用的、查看诊断数据的流程。这也是用户来到这个网站的主要原因之一。它的重要性也体现在它的链接出现在导航列表的第一位。下面是我的体验：

我近期在BI医院做了一个神经系统的检查，想要查看一下结果。我通过了吗？我学习够刻苦吗？我的鼻子是不是会掉了呢？我怎么才能找到并查看检查结果？答案是：很麻烦。让我给你展示一下。

　　我最近在常用的个人邮箱里收到一封邮件，它说，"请登录 www.patientsite.org 来查看下列信息：你收到一条新的 OpenNotes 消息。"它没告诉我是什么样的内容在等着我。OK，我能理解，这是隐私规定。在 PatientSite 网站以外，他们只被允许说"我们有一些东西要给你看；来收取吧"。所以我打开了 PS 网站并登录进去。

　　登录后，我看到的和之前的图 9.2 一模一样。没有明显的入口，没有可以查看诊断数据的起始点，看起来像是都没有。我看到的还是预约窗口（当前是空的）还有 Mass Hlway 以及 OpenNotes 的描述。我要的东西在哪呢？一周前医生们给我扎了针，然后一封电子邮件告诉我过来查看新消息。但现在没有任何线索告诉我它在哪里，或者它是什么。

　　也许是那个带着数字 8 红色标记的"Email"？那里有发给我的 Email？可能吧。毕竟是一封 Email 带我来这里的，我也看不出来它可能是其他什么东西。我们点击看看。现在我看到了图 9.5，一条消息告诉我说，"你的笔记已经准备好。"日期就是上周的检查之后。没有提到"你的神经系统检查结果"或是其他能让我知道每条消息是关于什么的。为什么不呢？肯定不是安全原因啊，我已经登录到 PatientSite 了啊。难以想象还有一条的标题是"预约提醒"。通过排除法我知道了应该是 12 月 17 日那一条，让我打开看看。

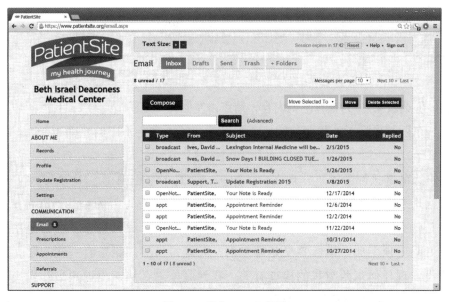

图 9.5　安全 Email 截屏

啊，我现在看到一封图 9.6 所示的邮件："亲爱的患者，我们邀请你查看……"它是关于一次会诊或者讨论的。好吧，我经历了一次让人害怕的检查，包括扎针，不是会诊或者讨论。而且我是 12 月 9 号做的，不是邮件里面说的 14 号，也不是邮件发送的 17 号。然后，就没有其他更有用的内容了。我可能得按它说的去其他地方看看。

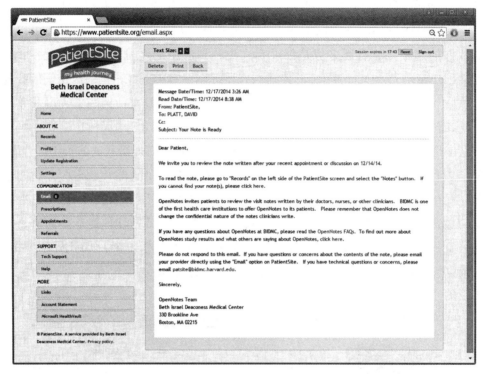

图 9.6   一次会诊或讨论后，一封关于笔记的令人困惑的电子邮件

我该怎么做呢？"为查看笔记内容，请点击左侧的'记录'"。OK，我点了"记录"。

哇！东西都去哪了？我面前的整个页面都变了，完全不同的页面布局，原因不明（图 9.7）

我左边的链接都去哪了？现在少了很多，而且名字也换了。BIDMC？好吧，也许，这就是来这里的原因。Mt.Auburn？这是我停车位置附近的一条街道名，它出现在这里是什么意思？我的文章？我没有写任何文章啊。我只是想看看神经系统检查的结果好吗。顶上那一排标签又是哪来的？问题？当然，我是有一些问题，但是在这里我没发现任何东西与我的检查有关。我到底该怎么从这里退出去？得用返回按钮吧，我猜。这就是浏览器的返回按钮的意义吧。

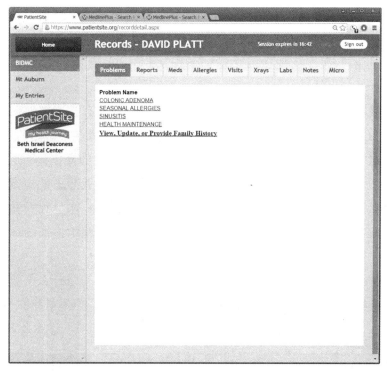

图 9.7　BI 医院的记录查看页面

噢！确定重新提交表单（图 9.8）？这是什么情况?！

图 9.8　在一个让人困惑的页面点击返回按钮之后看到的另一个让人困惑的页面

　　什么情况？我根本就没有提交过什么表单。我点击了一个链接，没有找到要找的东西，因此点了返回。现在我完全迷失了。确定什么？这真是太让人头大了。也许再点一次返回？啊，我现在成功返回了图9.5所示的页面。老天，现在又该做什么？

　　如果说我在工程学院里学会了一件事，那就是"当所有尝试都失败了，就去读一下说明"。OK，让我们再试一次。"为查看笔记内容，请点击左侧的'记录'，然后选择'笔记'按钮"。等等，我得在脑子里记住两步独立的操作，而这个说明在第一次操作后就消失了？他们就不能直接给一个链接让我去我想去的地方吗？给"记录"那个链接旁边加一个标记告诉我有新东西行不行？再一次，我们看到用户在做那些本该由程序员完成的事情。如果这是我的一名用户体验学生做的，我马上给她判个不及格，然后把专业换成梵语。

　　OK，现在我们来到笔记页面（图9.9）。书信？我没有写过什么书信啊。我做了一个神经传导检查。Peter Zuromskis？他是我的主治医生，但不是给我做检查的人。他是个聪明人，还花时间给我写了一封信，我应该看看他都写了些什么。

图 9.9　令人困惑的笔记页面

　　我点击了 Peter Zuromskis 的信件，确实是关于检查的而且像主治医生通常的方式解释了各项医疗技术细节。（图 9.10）

　　这带来了更多麻烦、思考、猜测、推断。

图 9.10　我来这里想要看的医疗记录

PatientSite 在 2000 年上线，这也是我第一个女儿出生的时间——就在 BI 医院里。而在你读到这本书的时候，她应该已经拿到驾照了。在这个行业里，这是很长的一段时间了。

PatientSite 的第一批用户没准是通过拨号上网（还记得它吗？）来接入的，其中有些人是通过 AOL。Windows 98（你懂的）彼时还是潮流先锋。它的存在本身就是 PatientSite 开发者们的主要目标，而不是易用。单单把这些信息汇集起来显示在患者面前已经是一项值得纪念的成就。

那时的患者都喜欢它，因为在它之前可什么都没有。他们不在乎受尽麻烦来使用这个网站。学习如何使用它被称作"成为电脑达人"。但是如今用户体验的标准已经得到极大的提升（一个词：iPhone），在这个方面，BI 曾经是引领者，现在却成了掉队者。

这场革命和汽车工业很类似。第一批汽车车主们都喜爱他们的福特 T 型车，因为拥有一辆车就意味着他们不用再每天去铲马粪了。但是不久车主们开始期望更好的用户体验了：一开始是自启动和空调加热；然后是车载广播和自动变速箱；今天是 DVD、卫星导航、多个杯架；明天呢，自动驾驶。

软件世界里也在经历着这样的进程。而没有什么地方比占据美国经济六分之一的医疗产业更迫切地需要更好的用户体验了。BI 可以重新站在潮流前线，只要细致地对它应用我们的体验设计框架就行了，无需大量代码。

主要诊断结果：按不断提升的标准来看，可用性方面已经过时。

治疗处方：使用现代的用户体验标准来完整地分析和提升。

9.3　第一步：谁

和以往一样，我们要从用户开始。他们是谁呢？

第 8 章中 MBTA 的开发者们从广告数据中推断出他们用户相关的信息，可能来自于铁路公司自己的市场研究，可能比较老旧而缺乏细节。

BI 的情况恰恰相反。BI 和每个注册了 PatientSite 的用户都拥有某种，可以说是亲密的关系。BI 了解他们的名字和住址，他们的年龄和性别，工作和家庭情况，还有他们的保险以及相关的经济信息。他们拥有所有用户的医疗信息，甚至于包括我的结肠的照片。（见图 9……哈哈，开玩笑。但他们真的有）我们可以找到想要了解的一切用户信息。PatientSite 的一名团队成员说："我们的典型用户是大学学历以上的中年白人女性。"所以就用她来做我们第一个用户画像吧。我们还会创建第二个，更加的随机，让我们对于 PatientSite 未来将要面对的有一个概念。

Susan（图 9.11）今年 52 岁，三个月前被诊断出罹患乳腺癌。她和她的丈夫 Bob 一起住在马萨诸塞州的 Natick。她在 Natick 公立学校系统里做科学课教师，有很可观的病假可以休，但是这场癌症还是太让人沮丧了。像今天大多数的职业女性一样，她推迟了要孩子直到觉得人生已经进入稳定时期，所以她现在拥有一个 16 岁的儿子和一个 14 岁的女儿。他们的金毛犬，Topsy，今年 10 岁并且开始渐渐显出老态。

她的癌症在诊断出的时候已经算是高级阶段了，有了三个淋巴结，专业术语叫二期。她已经做了手术，目前正在接受化疗。在这之后她还将接受放疗。她尝试着在化疗期间坚持工作，尽管这令人精疲力竭。她要和多个医疗提供者约时间，有些在郊区的卫星诊所，这也是她更偏爱的，但是其他的她就必须要开车到波士顿 Fenway 的总院来。她在冰箱门上贴了一张红袜队的比赛时刻表，这样她可以知道如何约时间可以避开比赛日引起的交通瘫痪。她还有很多处方要追踪：不同的化疗药，各种药品的副作用等。她还有一个胳膊的理疗要预约。

图 9.11　Susan，乳腺癌患者，就诊于 BI

她用一台老旧的 Dell 电脑来追踪这一切。她儿子坚持要她买一台 iPhone，所以她接受了，但是她并没有真的掌握它，也并不像儿子那样和手机形影不离。她还借了儿子的 iPad 用过一两次，在注入化疗药剂的时候读书和听音乐。她用 Peapod 在上面预定杂货店送货，以减轻一项体力负担。

创建另一个用户画像总是有用的。除非用户群体非常地单一化（比如医院的护士或者橄榄球联盟的队员），要么有第二个总是好的。那么他应该是什么样的呢？

我们让他比 Susan 年轻一些。尽管 BI 的病人群体倾向于年长的人群，而医疗行业还没有迎来计算机时代的主要原因之一就是这些人群在使用电脑时存在困难。他们并不是伴随着电脑长大的一代，他们在人生的某一阶段才接触电脑，并对它不那么信任。直到这一辈人都老去，熟悉技术的新一代人涌入，医疗行业对电脑的使用才会获得大的突破。

> **说明**
> 另一项主流人口的变化在我写下这些文字的时候刚刚开始发生。第一代数字原住民，我的意思也就是那些出生于 1985 年左右，生下来数字技术就作为他们生活一部分的孩子们。这一代人中的第一批人如今刚刚完成他们的实习，开始实践成为医生。由于这一代人的进入，我期望医疗行业很快就将迎来计算机时代。

那么第二个用户画像就应该更年轻些。让这个人是男性怎么样？为了再多样性一点，亚洲人怎么样？他为什么要和 BI 打交道呢？如果你看到统计数字，就会发现在今天慢性病开始入侵越来越年轻的病人群体。随着这些病人的年龄增长以及慢性病的加重，他们还会消耗更多的医疗资源。那我们就把他设定为一名二型早期糖尿病患者，来看看这个网站该如何与这样的年轻病人产生关联（图 9.12）。

图 9.12　Harry，一位身患早期糖尿病的年轻男性，正在 BI 获取治疗

Harry 陈今年 30 岁。他来到波士顿的麻省理工学院学习，之后就没有离开。他在 Kendall 广告那边工作，供职于一家秘密到连名字都不能提的创业公司。他住在马萨诸塞州的剑桥地区。

他所在的技术公司有一项健康福利就是每年一次的完整体检，你猜什么情况？Harry 的血液检查发现早期糖尿病症状。天啊，糖尿病可是影响终身的慢性疾病。Harry 真的想要尽可能摆脱它。因此他加入了一个体重观察和锻炼课程。他每季度进行血液检查，来查看是否取得进展。他爸爸在年轻时就患心脏病去世了，所以 Harry 也会每年做一次心电图检查。

Harry 的生活离不开他的手机，一部 iPhone 6s。如果什么事情没有出现在他的手机屏幕里，那么他就毫无兴趣了解。运行着 Windows 的台式电脑对他来说是件无聊的东西，他父母搬家到郊区并开始搭乘火车的时候在用它。Harry 自己所有的活动预约都在手机上处理，甚至是他的处方等。如果他需要医疗领域的什么东西（或其他任何领域），他期望能点开一个 app 就能获取到。

9.4　第二步：什么（何时、何地、为什么）

Susan 和 Harry 想要解决什么问题，他们认为的好方案又有什么特质呢？

现代医学是一件复杂的事情，拥有各种变量。任何一种主要疾病，比如 Susan 得的；或是慢性病，比如 Harry 开始准备治疗的，都会生成一大堆数据。患者们想要拥有一些掌控权，但实际上它却越来越错综复杂。如果我们非得把他们的需求写在便利贴上，它应该是，"跟踪我复杂余生中复杂的医疗情况的交集。"PatientSite 就在尝试让这些变简单。

我们将用故事的形式来表达这些思考，以让编写这些应用代码的极客们能真正理解用户的需要。下面我们开始吧。

1. 故事 1

Susan 因为化疗脑子总是记不清她的下一个预约治疗时间。她把事项写在纸质的日历上，但是回头又找不到这个日历了。幸运的是，还有一部台式电脑在那里，它太大太重所以不会因为来回移动而找不到。

Susan 打开电脑，点击那个儿子之前给她放在了电脑桌面上的图标，打开了 PatientSite 网站。浏览器记得她的登录名和密码，因此不用她自己再浪费时间输入一遍（它们被写在一张便利贴上，粘在显示器上以防止浏览器哪天清除了密码）。

Susan 找到预约那一栏看到她的一系列预约事项，扫了一眼它们都在何时何地。让我们看看，最近的一个是在星期六。这就是想要在化疗期间继续工作的问题：她的周末被吞噬了。她的红袜队比赛时间表显示周末两天都有比赛，所以她希望不用去 BI 的主医院。呃，她这次预约是在郊区的办公室，时间是星期六的早晨。太棒了！好吧，某种程度上，还是一个化疗的预约，至少不用再加上比赛日的大堵车。

她把这个写在便利贴上（写字板被固定在显示器旁边，笔杆连着一根线防止丢失），贴在手背上，以提醒待会儿问问丈夫或是儿子谁能到时候捎她一程。她希望有其他更简单的办法，但是没有劲去找了。

2. 故事 2

Susan 正在进行高强度的化疗以对抗她的二级乳腺癌。这意味着她每次化疗使用和平时一样的剂量，却比之前使用得更频繁。这对存活率的增加虽然不大但确是明确的。而且她还觉得这些化疗的烂事情可以尽早结束。

因为两次化疗之间留给她恢复的时间变短了，医生给 Susan 开了药帮助加速血小板的生成。她的医生需要密切关注这些状况，一方面用来计划她的化疗，一方面确保她没有因为其他原因得病。如果她现在不得不重新住院治疗，这些医疗活动就会引起保险公司对她进行财务惩罚。所以他们让她在两周的化疗间隔期间来实验室做两次血液检查。

Susan 想要时刻留意她的血液检查结果以了解她现在的身体情况。实际上，她有些沉迷于此。可能是她想要拥有一些控制权吧，或者至少有一种对于治疗进程和病情获得控制的假象。每次做完血液检查，她就每小时到网站上刷新一下看看结果有没有发出来。她等不及看邮件提醒，因为每次结果发布数小时后邮件才会发送，有的时候根本就没有发送。

她吃完晚餐（没什么胃口）坐下来准备看看电视。在打开电视前，她想查查下午的血液检查结果到了没有。那个 iPad 哪去了？噢，好吧，就在沙发缝里面。还有电吗？够用了。她打开 Safari 浏览器，进入 PatientSite 网站，用保存的账号密码登录进去。看到她最新的血液结果了。怎么样呢？红色意味着数值超标了。嗯，上次化疗周期的数值是多少来着？她看了看。实际上今天的数值还 OK，比上次的只高出了一两个点。她放下 iPad，希望这糟糕的境遇快点结束。

想起这场疾病就不可避免地想到她生命的短暂。她决定不看红袜队的电视直播了，尤其是今年他们的比赛打得还很臭。泡个热水澡，喝上一杯，再读几页好书听起来是个好主意。她放下 iPad，拿出玻璃杯，走上楼去。

3. 故事 3

Harry 在体检时被查出身患早期糖尿病。他的医生对这个一点儿也不惊讶。早期糖尿病在年轻成年人群中发生得越来越多了。

如果所有这些年轻的早期糖尿病患者都逐渐转化为完全的糖尿病人，引起的医疗需求会导致整个文明被拖垮。为了尝试主动去控制早期糖尿病以阻止（或者至少减缓）这个转化过程，BI 正在进行一项使用低成本健康教练的研究。Harry 参加了这项研究并且被随机选中进行高强度的干预训练。

为了管理他的治疗过程，以及搞清楚哪些有用哪些没用，BI 需要持续地从 Harry 这里采集数据。他们采集数据时尽量不需要 Harry 本人做很多额外的工作，理想情况时一点儿都没有，次之就是那些他本来也会做的事情。

他们给了 Harry 一台接入了互联网的浴室体重秤，让他每次洗完澡出来都站在上面称一下。这会将他的体重数据传回到 BI 的数据库。而他的锻炼情况，从每天的日常活动到健身房里的专门训练，都通过 iWatch 自动地收集。对 Harry 来说最难的一部分是用类似 SparkPeople 这样的手机应用录入每天的饮食情况。Harry 倒是不大在意这个，反正他随时随地都和手机在一起，坐下吃饭的时候手机也拿着它。这还给了他不经意间炫耀 iPhone 6s 的机会，留下别人艳羡的目光。

每一周，Harry 都要和他的健康教练进行一次 15 分钟的视频沟通（这明显区别于过去那种频率更低，每次时间更久的安排，这也是本次研究的一项主要创新）。除非有人拿枪指着他的头，Harry 从来不会去碰电脑浏览器。所以这次的视频通话是在一款定制开发的手机 app 上进行的。教练会去回顾他上一周内的饮食情况，还有运动量，她据此给出改进建议。这样进行一年后，他们会比较他的病情进展和其他病人有何区别，也许可以帮助他获得更长久的健康。

9.5 第三步：怎么做

我们看到 PatientSite 目前最大的问题是用户很难找到和阅读他们的诊疗信息。没有明显的切入点，组织得很奇怪，找到了也发现很难阅读。预约部分还不错，但还有改进空间。

我们需要重新设计首页，让它做到一个首页应该达成的，直截了当地给出重要的信息，提供逻辑清晰的导航结构以访问其他信息。我坐在 Balsamiq 前开始动工了。

因为对用户来说最重要的就是诊断信息和预约信息，我决定让他们直接出现在首页。我做的第一版原型图见图 9.13。中间的一列包括了当前登录用户的诊疗信息。每一项医疗活动独立分开，用时间倒序排列。每个 Facebook 或者 Email 程序的用户对这个时间线布局应该都很熟悉。因为概念上来讲，这个是患者和 BI 最初关系的一种延伸，所以我们决定把中间一栏这个最重要的位置留给它。

每一项活动显示了简单的摘要以供用户参考是不是要打开来查看更多信息。在图中，我们看到摘要包括病人最近完成的血液检查，几天前的化疗，化疗前的一次血液检查，还有更早前针对恶心症状和主治医生进行的电话问诊。每一项活动都有一个链接可以查看更多细节，我们会在后面的例子中展示。这和一个邮件客户端的布局概念非常类似。

我把预约列表框移到了右上角，因为它的条目会比较少。在任何时候，用户都只会有 2~3 条，最多 4 条尚未进行的活动预约，过期的预约会自动消失，而诊疗活动的列表会越来越长。

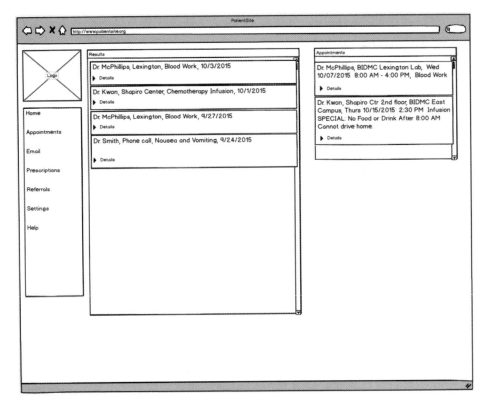

图 9.13　新的 PS 首页布局，第一版

　　如果屏幕可视区域变窄，不管是低分辨率显示屏的电脑，或是竖直拿着的 iPad，网站都会自动调整为单列布局，预约列表显示在最顶部，剩下的跟在下面（图中未显示）。如果屏幕更小，比如手机，我们或许可以用上标签切换的布局（也没有在图中显示）。

　　这是我现在展现诊疗数据的方式：每一项活动只在一小块区域里显示基本信息——谁，什么时间，在什么地方，做了什么事情。如果用户点击了查看详情那个箭头，它就会展开，显示活动的细节，如图 9.14 所示，一切详情在这里都有了。而对于处方，以及 X 光或其他仪器检查结果，将会以链接的形式呈现。

　　当 Susan 在中间的列表中查找最近一次的检查结果时，她点击了查看详情箭头来展开它，下面有一个链接指向她想看的检查结果。当她点击链接后，出现一个浮动的气泡层。如果她还想要进一步的细节，或者对结果的解释，这里还有一个链接。但随着治疗的进行，Susan 已经知道它们是什么意思了（图 9.15）。

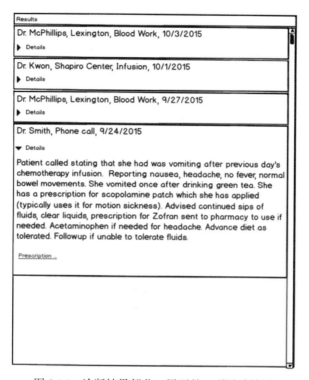

图 9.14　诊断结果部分，展开的一项活动特写

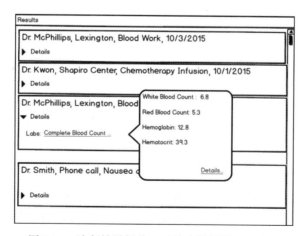

图 9.15　诊断结果部分，对检查结果的展示特写

　　把视线转向预约列表部分，我们首先看到即将发生的，向下滚动看到之后的。每个预约卡片包含了用户需要了解的事项——何时、何地、与谁会面。如果一名用户去过这个地方，就像 Susan 这样，她知道这一点就够了，根本无须点击详情链接。

如果是初次使用，那么点击详情链接就会展开显示剩下的信息（图 9.16 ）。

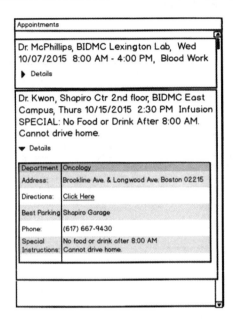

图 9.16　预约项目部分，展开的一次预定的详情特写

　　注意我没有给首页的右下角，预约列表的底下放置任何内容。把它留给后续的开发来用吧。

9.6　第四步：测试一下

　　和往常一样，我们并不指望第一版原型就是最终版，或是多么的出色。它就像是做出一个稻草人，让我们可以开始去戳戳它。我把这个原型拿给几个用户和潜在用户看。我还抄了个近道：一名叫 Aimee 的之前的学生在为一个医疗机构做技术支持，帮助用户使用一款来自其他供应商的类似 PS 这样的系统。她知道很多这样的产品，以及哪些能工作，哪些只能带来麻烦。我还尝试了其他符合人口统计学的用户：中年受过大学教育的白人女性，有些是癌症病人，有些不是。我还让学生们和助教来了次角色扮演练习，让他们做出角色该有的行为。作为总结，我和 Susan 这个人物画像的原型，一位已经过世的女士的丈夫进行了一次长谈。

　　每个用户都喜欢诊疗信息直接显示在首页这一点。有几个之前用过 PatientSite 的老用户非常高兴再也不用去那么深的层级里找信息。他们喜欢那个基于时间轴的设定。他们对预约列表针对不同用户类型做出的仔细的设计考量表达了喜爱。对于有经验的用户，他只需要知道日期时间和地点提示；而对于新手，他需要点击获得导航和停车信息。

之后，当然，在他们说了喜欢这里喜欢那里之后，那句"可是……"来了。这很好，就像我在第 3 章中说过的，你需要明白这是整个环节中必要而且渴望得到的部分。有时候很难对事不对人，但是用户真的不是在对我们个人做出攻击，他们是在发展和提升我们的想法，有时候还会带来更棒的。我们必须试着努力地去讲："嗯，对，谢谢，这一点非常有趣，再多讲讲。怎么样你会觉得比较好呢？"而不是"不，傻蛋，它就在那里呢，你看哪儿呢？"

我的测试用户们第一件想要的就是在事件流中显示更多的信息，而不必再点击一次。例如，为什么非要他们点击"处方"链接（图 9.14）才能看到治疗药物和剂量分别是什么？他们在查看治疗方案，而处方也是它的一部分才对，为什么不至少显示一些数据摘要呢？如果需要的话你可以用链接来展示完整内容。我在图 9.17 中探索了这些。把这个新的选择给他们看后，都表示这个更好一些。

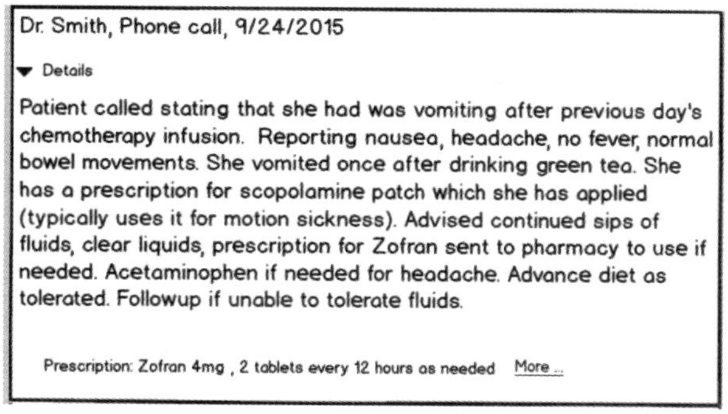

图 9.17　处方细节自动显示出来

对于 Susan 这样重复进行检查的病人来说，会想要将每次的结果和之前的作对比。这次比上一次高了还是低了？情况允许下周做化疗吗？白细胞数量足够支撑她去学校上课吗？

和往常一样，任何比较工作都应该容易使用并且需要用户做的工作越少越好。Susan 并不需要也不想要选择随意的间隔来做比较。因此我做了一个自动图形显示的原型图。这样她打开事件卡片，看到测试结果后，直接点击它，一个图形窗口就会显示出该项指标的历史折线图（图 9.18）。它自动按照水平或垂直布局合理缩放，测试用户对这个也很喜爱。

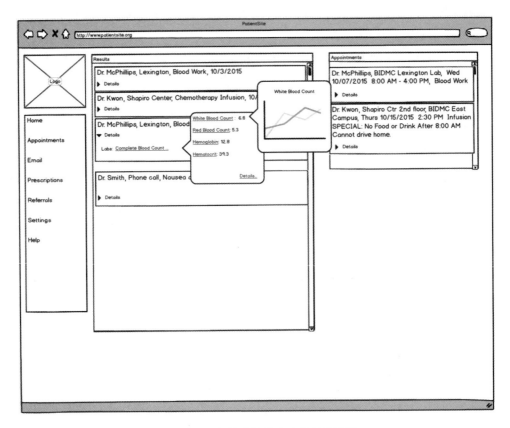

图 9.18   选中的数值的自动绘制的图形

　　看看预约这里，每个用户都提到的一个需求就是能够将预约信息添加到他们的在线日程表里面以备之后在手机上查看。这在 PatientSite 的开发者们启动项目时是没有考虑过的。第一部 iPhone 直到 2007 年才出现，差不多是 PatientSite 目前生命一半的时间点，而在这之后的两三年智能手机才开始变得无处不在。但是波士顿可是世界科技重镇，日历的同步是可能办到的。在我搞清楚如何实现之后，我会临时放一个"同步到日历"的按钮在打印按钮旁边（并没有在图中显示）。

　　有时用户通过 PatientSite 来预约，有时则通过其他渠道。比如，Susan 在完成一次会面后，医生经常会说类似"预约四周内的一个时间再过来"这样的话。Susan 经常在离开医院前就在前台把预约搞定了，趁还记得这件事，并且还有很多时间点供选择。之后这些预约条目会魔术般地出现在 PatientSite 网站上，正如期望的那样。

Susan 也期望它们魔术般地自动出现在她个人的在线日程表中。

在和其他用户沟通后，我发现了对于提醒的不同需求。站在 BI 的商业立场上，降低爽约率至关重要。医院已经启用了多个渠道的提醒服务，比如纸质信件、电话语音留言（还有一个笨重的电子邮件系统，我们在之后的安全与隐私环节讨论），这也很容易扩展到短信通知。如果可以将预约加入到在线日程表，哪个平台应该得到支持呢？微软 Outlook、Google+ 还是苹果的 iCalendar 呢？这是个好问题。

在我们为主要需求，也就是信息架构的重新设计工作时，我们被其他需求牵绊住，日历的同步还有提醒，这些在一开始并不明晰，这并不罕见。就是这样的低保真原型引导我们发现的。我们没有时间来给当前的开发周期中加入日历和提醒相关的特性，就像我没有时间在本章中加入这些内容一样。它们可以作为独立的故事来设计开发。但是我们发现得越早，就越有可能尽快在项目中加入它们。我们会给它留下笔记，在下次迭代中纳入。

最后，一位患者提到对于诊疗事件列表，我们也许想要支持除了时间之外的其他排序方式。比如，我们想要查看所有的外科手术、X 光，或是和史密斯医生会面的场景。这该怎么做到呢？

Email 工具通常会提供这样的筛选信息的特性——通过日期或发件人，有时候是标题或者是否包含附件，也许还有其他的。医疗信息稍显复杂。我们可以拥有一个巨大的搜索页面，包含各种高阶选项（医生＝"史密斯"＋事件类型＝"X 光"＋身体部位＝"左脚"等）。用户不得不进行大量思考来完成这项简单的事情。

似乎最简单的搜索才是最佳方案。再次，Email 客户端允许我们搜索——"给我找到所有包含'拼车'的邮件"。我们可以简单地在 PatientSite 上实现这个："给我找到所有包含'阑尾'或'青霉素'的事件。"想要找史密斯医生写的东西？输入"史密斯"。想要史密斯医生和 X 光？输入" X 光史密斯"或是"史密斯 X 光"都行。它的概念就像是 Google 搜索。我们可以加入一个简单的搜索框，如图 9.19 所示。就在标题栏的右上角，以提醒检查结果是我们的搜索范围。这个和微软 Outlook 的设定很像。这个设计是否成功决定于用户是否经常用到它。

如果能把这个搜索功能做得和 Google 一样好就太棒了。回想一下本书中讨论过的 Google 的自动推荐和自动获取内容的特性，想象一下我们针对诊疗事件的搜索框也能做到。假设一个用户想要查看她所有的 X 光检查结果。她从输入一个"X"开始。搜索框，就像 Google 一样，会根据大部分用户输入 X 后打的词，也只可能是

"光"，给出建议。而在它做这一步的同时，它已经预加载那些提到了 X 光的诊疗记录了。这绝对是个杀手级特性。唯一的问题是 BI 的开发者们能不能实现它，在控制好成本的前提下。也许，作为一项非盈利项目，他们可以从 Google 那里获得赞助，为他们提供代码或其他什么东西。

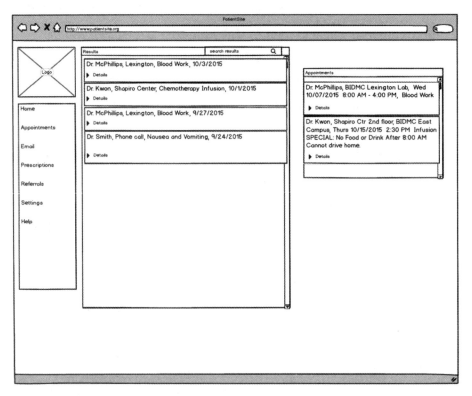

图 9.19　右上角的搜索框

快速猜测：健康教练手机 app

我们想要开始探索一下未来的在线健康服务，所以我们来看看 Harry 的情况。这就是他，30 岁的早期糖尿病人。对他来说最好现在就开始改变生活方式和习惯，但真正做到这一点对每个人来说都很难。度过刚刚确诊后的焦虑期后，Harry 感觉还不错。未来的各种问题还是抽象遥远的。他发誓会好好坚持，但是吃不喜欢的东西以及健身（他也不喜欢）都是很难坚持的养生方式。我们该怎么帮助他呢？

我们可以给他的手机上安装一个 app。他的健康教练可以通过这个应用和他交流，理想的话会帮他走上一条正确的路径。见图 9.20。

当我把这个原型图拿给和 Harry 年龄和风格相仿的学生们看时，遇到了两极分化的评论。一半的学生觉得通过和健康教练进行视频聊天会产生最好的效果。当我们和一个真人直接沟通的时候，患者就会想要试着迎合那个人，或者至少不去让她失望。相对年长的一半学生都持有这个观点。

而另一边，有一些，但不是全部，这些年轻学生们觉得在沟通时使用文字消息是更好的。如果你非得安排一次会面，而需要人们都在那个时间有空，这就比较棘手了。但如果教练只是发送一条文字消息（Harry，你的 GPS 显示你正在一家甜甜圈店里！你最好告诉我这是陪朋友的），他们不必非得在同一时间有空。这一句测试者说，这种方式更容易得到回应。图 9.21 显示了这种理念。

图 9.20 健身教练和 Harry 之间的视频通话。   图 9.21 教练发给 Harry 的文字消息
　　　　需要更多的研究

我们同意这里还需要更多研究。这就正是 BI 在做的事情。我能自信得把这个想法交到他们的手中。也许让他设定好目标？也许为他显示出完成度，或是奖励？在这项研究里我们或许会获得突破性进展，而引来多项研究论文。

9.7　第五步：远程监测方案

比起前一章中的铁路案例，PatientSite 拥有更多的变量。因此了解用户实际上在做什么对于优化我们的体验至关重要。

通过页面结尾的扩展名（.aspx），我们可以推测 PS 是使用微软的 .net 写的，因此也托管在运行着微软 IIS 的服务器上。那么，我们的第一行监测代码，就来查看一下这个程序的页面 log 吧。它会告诉我们每个页面的访问频率。

仅从这一点简单的数据中，我们已经获知了很多。哪一个页面是最常被访问的？在打开后，有多少次完成了提交，多少次被取消并关闭了？举个例子，转诊页面被打开了 100 次，但是完成提交的只有 10 次，或许用户们并没有从这个页面获得价值。或许是看到它时感到困惑。他们使用 PatientSite 做预约的频率是多少？或者用户们可以在其他渠道比如药房的电话上就能轻易完成的操作，比如续处方呢？

因为用户只有在登录后才能使用本网站完成任何事情，所以我们知道是谁在使用该系统，什么时间，做了什么操作。那么给用户的档案绘制一个图表就变得很有趣：最顶部的 10% 的用户占据了登录总次数的一半，点击总次数的 80%，或是其他什么。而底部的 50% 用户只产生了 10% 的使用量。也许 33% 的用户们创建了账号之后就再也没碰过它。如果维持他们的兴趣呢（更好的用户体验）？或许我们应该把用户划分为三个群组——重度用户、一般用户、轻度用户，然后对应地监控他们的行为模式。我们也需要了解患者们每次在网站上会花多长时间。

现在我们提升了网站的可用性，我们来度量一下它的每个组件工作的情况。例如，典型的用户会将时间轴滚动到什么位置？用户滚动到一个月？六个月？更久前的频率是？答案很可能是：有那么一次、几乎没有和从来不。将一项预约展开查看细节的频率呢？

在通勤铁路的例子中，我们避免太过密切地收集信息。用户和铁路公司之间的关系越松散越好，我们不想让应用走得太近。（"什么？周一去一个和平时不同的车站？你一定是去密会谁了吧。"）用户并不是那么信任铁路公司，他们不想，也不应该被要求这么做。

但是用户和医疗服务提供者之间就是很紧密的。她会期待 BI 来检查并记录她的医疗数据，以提供最好的治疗方案。视力值？检查吧。血型？你猜。上次月经是什么时候？如果有关系的话，没问题。如果没有做哪项必要的检查，如果她因为缺少某些需要获知的信息而受到了伤害，她反而会感到愤怒。

像 BI 这样的研究机构正在寻求切分数据的新方式。而 PatientSite 给他们提供了难以置信的大量数据来挖掘。从已有现成数据中筛选来学习比说服真实用户参加临床测试要快得多。而且数据挖掘也更容易获得道德标准委员会的批准，因为它不会改变任何病人的诊疗方案；它只是查看过往病人的诊疗记录并比较不同的结果。

我们可以期待用 PatientSite 的数据看到各种各样的研究成果出现。比如，哪种类型的药物会常被重复使用？它因患者的主要诊断结果而不同吗？它会跟未来的药物成瘾问题有关吗？哪些预约最容易被变更时间等。数据就在那里。有人会对它善加利用，这就是他们要做的。或许他们会研究出另一项和"行走麻醉"一样重要的成果呢。

9.8　第六步：安全和隐私规划

医疗数据，就像这个网站掌握的，可能是你会遇到的保密级别最高的内容了。从其他行业转过来的极客们可能没有了解到这一点。他们会好奇，"嘿，如果有人发现我的大拇指上有一颗痣，那有什么大不了的呢？"。但是，举个例子，没人想要他们的配偶知道他们从拉斯维加斯回来之后得了梅毒。没有很好的方式区分哪些部分是需要保密的，那你就得一视同仁。这不是新问题了：原始的希波克拉底宣言，已经有 2500 年的历史，就包含了保密方面的内容。所以，我们必须让我们的程序解决这些问题。

法律了解保密方面的需求，让医疗数据处于一些最严格的，甚至说严苛的条款保护之下。最主要的一项法律被称为 HIPPA。它于 1996 年通过，早于今天技术世界中几乎一切的事物。在 HIPPA 对于锁定内容方面投入大量注意力的同时，它对于你因为不能获得所需信息而产生的机会成本则很少关注，还有因此给用户带来的麻烦预算以及不可避免的变通方法。回去读读第 6 章，你就会理解这些制定规章的人并不懂得这样的思考方式。

那么，PatientSite 在安全和隐私方面强迫做了什么呢？因为信息的保密性，它更像是采用了银行的做法而不是亚马逊的做法。首先，不登录你就不能看任何东西（而不像亚马逊，会显示出你最近购买的商品）。你的密码格式必须符合 HIPPA 的规定（至少 8 位，至少包含一个字母和一个数字，还得包含一个特殊字符或者大小写的组合），他们倒是不要求你定期重置密码（这省了我一顿骂）。PatientSite 还会在你的账号有 18 分钟没有操作的情况下自动登出，最后时刻会给出警告。它也没有提供保持登录状态的选项。

用户的麻烦预算如何，在超出预算时他们又会采用哪些变通方法绕过呢？经常登录 PatientSite 的用户肯定想要他们的账户信息被记住而不是每次都要重新输入一遍。有见识的，勤快的用户会使用一些密码管理软件，比如 Norton Identity Safe 来完成这件事。而比较懒的大多数人，包含世界上的每个人当然也包括我本人，会简单地使用浏览器的记住账号与密码功能，就像是在其他网站上一样。

和以往一样，用户的麻烦预算取决于用其他方法达到目的有多简单。如果愿意，用户可以在 PatientSite 申请延续处方。但如果我们在沃尔玛来做延续的话，可以直接拨打标签上的电话号码，输入处方标号，按 5 键完成延续。如果我们的自助延续次数用完了，沃尔玛还会自动地发送传真到医生那里申请新处方。那么使用 PatientSite 是更简单还是更难呢？这取决于我们是习惯于使用电话还是习惯于使用电脑的那一类人。如果我们把药瓶拿在手中，我们就不会去启动电脑，打开 PatientSite 主页，然后登录来使用它。而另一方面，如果我们本身已经打开了 PatientSite 做其他事，就很可能顺便把延续处方给办了。

当 PatientSite 有新消息要告诉患者的时候，它会给我们的邮箱发送一封常规的电子邮件。由于保密性的要求，这封邮件只包含非常有限的信息："你好，我们有新消息要通知你，请过来查看。"有时候这些信息在我们登录并查看过后，发现它确实值得被这样对待。但更常见的情形是根本就没必要，登录就是在浪费时间。看看我目前的 PatientSite 邮件吧，所有 24 封中只有 8 封可以归类到值得登录来看的类型，其中还包括了技术支持的回复。

剩下的都应该直接将内容发送到我的公开邮箱里面，省下让我登录的麻烦。这些里面包括 5 封预约提醒消息。它们现在就告诉我有一个即将到期的预约，而我需要登录来查看细节。如果我打开原始的邮件就能看到这样相关的信息："本周四上午 11：00 你有一次和 Kwon 医生的预约，在 Shapiro 中心二楼"，这样就方便多了，这个应该是被 HIPAA 允许的。我的牙医会在我的电话留言机里留类似这样的消息，还有她用电子邮件和短信发的。而除了 BI 之外的另一家医疗机构也是这样做的。为什么 PatientSite 发给我的电子邮件就做不到（还有短信，如果我们还去看的话）？

剩下的 11 封，差不多是 BI 发送邮件的一半，包含的都是被错误定位机密的公共信息：感冒门诊开始的时间，或是因为下雪今天大楼关闭等，根本就无需保密，它们可以发布在任何公共的报纸上，用户没有理由非得登录后通过安全的渠道来看到这些。

一份用户报告说："当我收到一条不期而遇的消息后，就不得不登录进去看看它到底是不是我在乎的。通常都不是。可因为它们来自我的医生，我没法置之不理。"我几乎三分之二的消息都属于这一类。PatientSite 在这个方面应该做得更好才是。

PatientSite 没有打算处理一名用户查看另外一名用户数据的情况。例如，我的保险公司的网站允许我看到我自己和我小孩的数据，但是我老婆的就不行，除非她经过一个授权手续允许我进入。而在 PatientSite，一个账号就对应一名患者，没有人可以看到其他人的。在这种情况下，用户的变通方式就简单地变成将密码交给想要查看数据的人：年老的患者交给成年的子女，或是夫妻之间交给对方，又或是小孩子交给父母。在 PatientSite 方面这也许是个不错的方案。

9.9　第七步：让它能胜任工作

我们已经做了很多不错的工作来改进这个网站。让我们回头再用我在第 7 章中讲的用户体验十诫来审阅一下我们这些改进。我们怎样才能让这个网站胜任用户的期望？

1. 从好的默认设定开始

PatientSite 的原始布局就有一个很好的默认策略：自动在中间顶部呈现用户的预约信息。在我们的新设计中，通过让默认首页同时自动显示用户的诊疗记录，最近的放在最前面，又进一步做了改进。

2. 记住一切应该记住的

在按我自己的方式作出翻新的过程中，我真的没有注意这个问题。我觉得对于记住用户在诊疗数据列表中滚动的位置并没有什么必要。如果用户选择过之后，页面文字的字号肯定应该被记住。

3. 使用用户的语言讲话

医疗真的是一个充斥着大量和丰富的专业词汇的领域。即使是从业人员都难免犯错。例如，我自己在 PatientSite 的记录中有一条，放射科医生明明查看的是我的跗骨（脚部），而他写的却是我的掌骨（手部）。我们需要注意的是不要在用户使用网站时再额外增加一层令人迷惑的术语系统。把诊疗数据放在一个部分，首页最中间的位置，而不是要用户去搜索，这很有帮助。把导航链接全面修整一下也会很有帮助——"档案"和"设置"有什么？区别？我们把这些加入备忘，为下次迭代做好准备。

4. 别让用户去做本该你做的工作

用户诊疗数据的默认表现形式很大程度上减少了用户导航的必要性。而我们对于诊疗结果的搜索支持又进一步将此降低。我们已经很大程度上减少了用户自己的工作量。

5. 别让边缘情况支配主流场景

我们已经把主流场景查看诊疗数据搬到了首页的中间。边缘情况不再影响它了，这里做得很好。

6. 别让用户去思考

如果被迫去搜寻我的诊疗信息，需要我去做大量的拨弄尝试、思考和推断。对于查看最新的诊疗记录，我们已经将工作降低为零。为了查看较早前的，我们简化为只要简单地滚动，而为了查看特定的内容，我们只需用户像操作其他数据的应用一样输入关键字搜索。我们已经将思考量降到了最小值。这里我们也做得很好。

7. 别让用户来确认

在这个网站里我们检查了一下并没有确认对话框。这也是它应该做的。我们需要确保在继续的翻新过程中也避免它的出现。

8. 支持撤销

在这个网站里我们检查了一下并没有什么操作是需要做撤销的，我们在继续的翻新过程中也要把这一点放在心里。

9. 恰到好处的可定制度

在这个网站里我们检查了一下并没有发现什么需要配置的地方。通过进入"设置""档案"或是注册链接，这个网站的确包含了一些配置选项。我们会在下一个迭代中深入查看一下定制性方面的内容，也许和我们对通知系统的翻新一起开始。

10. 引导用户

这个网站在搜索词汇的时候将通过引导用户受益良多。我喜爱像 Google 做的那样预加载内容，但要说这个超出了目前我们系统的能力我一点儿也不意外。也就是说，在今天用户输入关键字的时候，我们没有提供自动推荐功能是可以被接受的。

不用那么久的时间，不用那么多的钱，我们就能让这个网站重新成为潮流焦点。

用户体验要素：以用户为中心的产品设计（原书第2版）

书号：978-7-111-34866-5 作者：Jesse James Garrett 译者：范晓燕 定价：39.00元

Ajax之父经典著作，全彩印刷
以用户为中心的设计思想的延展

"Jesse James Garrett 使整个混乱的用户体验设计领域变得明晰。同时，由于他是一个非常聪明的家伙，他的这本书非常地简短，结果就是几乎每一页都有非常有用的见解。"

—— Steve Krug（《Don't make me think》和《Rocket Surgery Made Easy》作者）

推荐阅读

UX权威指南：确保良好用户体验的流程和最佳实践

作者：Rex Hartson；Pardha Pyla ISBN：978-7-111-55087-7 定价：129.00元

成功的用户体验：打造优秀产品的UX策略与行动路线图

作者：Elizabeth Rosenzweig ISBN：978-7-111-55440-0 定价：59.00元

交互系统新概念设计：用户绩效和用户体验设计准则

作者：Avi Parush ISBN：978-7-111-55873-6 定价：79.00元

用户至上：用户研究方法与实践（原书第2版）

作者：Kathy Baxter, Catherine Courage, Kelly Caine ISBN：978-7-111-56438-6 定价：99.00元

点石成金：访客至上的Web和可用性设计秘笈（原书第3版）

书号：978-7-111-48154-6 作者：Steve Krug 译者：蒋芳 定价：59.00元

第11届Jolt生产效率大奖获奖图书，被Web设计人员奉为圭臬的经典之作
第2版全球销量超过35万册，Amazon网站的网页设计类图书的销量排行佼佼者

　　可用性设计是Web设计中最重要也是难度最大的一项任务。本书作者根据多年从业的经验，剖析用户的心理，在用户使用的模式、为扫描进行设计、导航设计、主页布局、可用性测试等方面提出了许多独特的观点，并给出了大量简单、易行的可用性设计的建议。这是一本关于Web设计原则而不是Web设计技术的书，用幽默的语言为你揭示Web设计中重要但却容易被忽视的问题，只需几个小时，你便能对照书中的设计原则找到网站设计的症结所在，令你的网站焕然一新。在第3版中，作者做了大量的更新和修订，加入了移动应用的例子，并且增加一个全新的章节，来讲述一些专门针对移动设计的可用性问题。